Histoire naturelle, drolatique et philosophique
des Professeurs du Jardin des Plantes,

des Aides-Naturalistes, Préparateurs, etc., attachés à cet
établissement,
accompagnée d'épisodes scientifiques et pittoresques

Isid S. de Gosse

avec des annotations de M. Frédéric Gérard,
Ancien rédacteur en chef du Dictionnaire universel d'Histoire naturelle

Édité en 1847 par Gustave Sandré, Libraire et Éditeur
Réédition et Postface de Jean Béhue (2014)

ISBN : 978-2-9548345-3-5

Préface

Rire des savants, et, tout en restant fidèle à la vérité, dévoiler au public les tours de gibecière qu'on fait passer sur le compte de cette pauvre science qui n'en peut mais, tel est mon but. J'espère y atteindre.

Je respecte les personnes comme individus privés ; et bien que j'eusse pu raconter sur le compte de certains d'entre ces messieurs, des choses assez plaisantes, je n'ai voulu m'attaquer qu'au savant qui est du domaine public.

Mais je ne veux pas seulement rire des travers des hommes de science, je vois au-delà quelque chose que je sens mieux que je ne puis l'exprimer. Aussi ai-je demandé à M. Gérard que, dans ces derniers temps, ses travaux ont fait connaître comme un antagoniste de la science étroite et terre à terre, de joindre à mes folles satires de sérieuses pensées.

Le feuilletoniste, tout léger qu'il paraisse, a néanmoins une mission à remplir. On doit pouvoir dire de lui avec vérité : *Fustigat ridendo sophistas.*

L'accueil fait par une feuille spirituelle[1] à ces études drolatiques, m'encourage à continuer mes pérégrinations dans le domaine scientifique. J'ose donc espérer que le public voudra bien m'accompagner dans mes prochaines visites aux cinq Académies, à l'Académie de Médecine et autres lieux plus ou moins inexplorés. Là, comme au Jardin des Plantes, nous trouverons ample matière à rire.

Et rire fait tant de bien !

I.S. de Gosse.
Avril 1846

---

[1]   Le Corsaire-Satan.

Introduction

Si j'ai consenti à m'associer au travail de M. de Gosse, c'est parce que j'ai trouvé des idées saines et des jugements raisonnables sous cette enveloppe frivole en apparence. Je n'ai pas regardé son livre comme un pamphlet, et je n'y ajouterai pas un pamphlet. Je prends la science au sérieux et je la tiens chose trop sublime et trop respectable, pour qu'il soit permis d'en rire sans se couvrir de honte ; mais j'ai pensé qu'il y a moralité à montrer le ridicule qui rejaillit sur elle par la faute de ses interprètes.

L'œuvre de M. de Gosse eût été un pamphlet digne de l'improbation des personnes honnêtes s'il n'eût pas rendu justice à qui le mérite ; mais il a ri de ce qui est risible et respecté ce qui doit l'être, aussi son ouvrage est-il appelé à rester comme ces livres critiques d'une époque dont on n'eut connu sans lui que le côté poétique et laudatif. Les éloges académiques, les esquisses nécrologiques ne disent jamais la vérité ; quelques critiques éparses, égarées dans les recueils qu'on ne lit plus, sont les seules lueurs de vérité qui restent sur les hommes qui ont contribué à l'illustration d'une époque et ont favorisé le progrès ou l'ont entravé.

Rabelais, que tout le monde a lu et lit encore, a été plus utile pour l'appréciation des choses et des hommes de son temps, que Charron qu'on ne lit plus, et il est certes, moins ennuyeux que Montaigne, qu'on ne lit guère ; il a plus contribué à faire connaître les travers de son siècle que des livres sérieux qui n'eussent guère osé aborder de si graves questions.

Si les sujets traités par l'auteur n'eussent pas été rédigés d'une manière piquante, qui se fût occupé de ces questions de zoologie, de chimie, de botanique ? Une réfutation sérieuse de ce qu'il y a de mal et de mauvais dans l'enseignement des sciences, fut demeurée incomprise du public ; mais cette forme gaie, spirituelle, malicieuse sans haine et sans fiel, et dont les hommes d'esprit qui y sont peints seront les premiers à rire, a fait pénétrer parmi les lecteurs de toutes les classes des vérités qu'il est bon de divulguer ; non pas qu'elles redressent le mal ni qu'elles l'empêchent, mais elles préparent pour l'avenir des améliorations dont on n'eut jamais senti le besoin dans la croyance que dans un établissement qui doit son origine à une pensée pure de toute idée vaniteuse, chaque chose marche comme il convient.

Pour l'étudiant qui a besoin d'un guide sérieux, pour l'homme d'un âge mûr qui cherche à s'instruire, quel autre moyen de connaître la vérité sur les hommes chargés de l'enseignement des sciences, que ces critiques légères, mais pourtant véridiques ? Il est bon de faire quelquefois pénétrer le public dans les coulisses afin qu'il connaisse les ressources du machiniste ; et comment saurait-il qu'il y a dans les magasins des décorations qu'on ne lui a jamais fait voir, s'il n'y avait pas de temps à autre quelques indiscrétions.

Le règne de Cuvier n'est pas encore passé et sans doute il durera longtemps ; car il a ouvert la voie à toutes les vanités, quelques minces que soient les titres sur lesquels elles s'appuient ; il a permis à bien des gens de prendre le nom de savants, quand ils ne sont que de simples ouvriers occupés d'une manière plus ou moins laborieuse à amasser des pierres et à les dégrossir pour l'érection de l'édifice de la science. C'est un tort : les professeurs devraient toujours être des hommes d'une haute et saine raison, ne s'appuyant sur les faits de détail colligés par leurs aides que comme sur des éléments nécessaires à la philosophie de la science. Buffon et Daubenton sont le plus bel exemple à citer des avantages résultant de l'union de deux hommes si dissemblables par l'intelligence : car l'un était un synthétiste d'une puissance de sagacité étonnante, devinant, pressentant et toujours dans la voie de la vérité, tandis que l'autre était un analyste minutieux et plein de conscience, classant, colligeant, méthodisant, mais reculant devant une généralité ; aussi Buffon était l'historien de Daubenton le compilateur, amassant, de ça de là, matériaux, et portant au maître le produit de ses recherches laborieuses.

Mais figurez-vous les rôles intervertis : que Daubenton fût le professeur et Buffon l'aide, qu'en serait-il advenu ? Daubenton n'eut rien produit ; il eût entassé des matériaux sans avoir la puissance nécessaire pour en tirer parti, et Buffon eût été un triste glaneur.

Or, combien de professeurs ont, depuis cet homme célèbre, occupé des chaires dont ils faisaient l'intérim sans qu'elles fussent réellement remplies pour le public et pour les sciences ? L'enseignement a été plus d'une fois ravalé aux proportions mesquines de l'intelligence des maîtres et quels en ont été les résultats ? des connaissances futiles, de la science sans grandeur et un éloignement justifié pour l'étude de la nature. Les bases sur lesquelles la science est établie ont donné à certains aides une telle assurance que demain ils oseraient monter dans la chaire du maître ; mais cette prétention est trop souvent justifiée par le mode d'enseignement. Et combien aujourd'hui de professeurs ne peuvent-ils pas en effet être complètement remplacés par leurs aides ?

Sans chercher à abaisser les aides naturalistes, je dirai qu'il est indispensable que ce soient des hommes de détail : s'ils avaient des idées générales ils seconderaient mal le professeur.

On doit réclamer pour ces derniers la plus entière liberté d'enseignement ; mais sans les enchaîner dans les limites d'un programme, il conviendrait pourtant que l'unité de pensée dominât dans l'ensemble des cours et que toutes les parties de la science y fussent enseignées à un point de vue unique. Sous le régime oligarchique qui domine dans cet établissement, il est évident que la dissidence qui règne dans les doctrines et dans les cours enlève à l'enseignement le caractère qu'il devrait avoir. Il en est même résulté que pour éviter tout antagonisme, les professeurs, animés des intentions les plus droites, finissent par ne plus rien y enseigner qui porte le cachet philosophique ; tout s'y réduit aux proportions étroites d'un enseignement sans grandeur.

Le mal en est-il aux professeurs ? Non. Il est dû à l'autocratie qui domine au Muséum. Chacun se livre à ses penchants ou à ses goûts, sans contrôle, sans responsabilité. Quel frein est imposé au libre vouloir des maîtres ? Ils professent ou ne professent pas, demeurent oisifs ou s'occupent laborieusement, leur traitement n'en court pas moins et leurs talents ou leur aptitude restent inutilisés. Puis, comme un vice bien plus nuisible encore au progrès de la science, pourquoi arracher les savants à leurs occupations pour en faire des hommes politiques ou les attacher à d'autres fonctions ? Encouragés par cet exemple, une seule idée les occupe : arriver aux honneurs et à la fortune. Avant leur élévation, ils ne font rien, parce que cette idée les absorbe ; après, ils ne font rien, parce qu'ils n'en ont plus le temps. Ainsi, pour mettre un terme à ce régime si pénible pour les hommes d'étude et si désastreux pour les élèves, il serait à désirer qu'un directeur ou un intendant dominât ces volontés individuelles, fit observer les règlements établis, et régentât ces intelligences qui ne s'égarent que faute de direction.

Frédéric Gérard.

Chapitre 1

Du Muséum d'histoire naturelle

Si l'on demandait à un simple mortel ce que c'est que le Muséum d'Histoire naturelle, il vous rirait au nez et répondrait : « C'est une maison où l'on conserve des bêtes pour l'amusement des badauds et des étrangers. » Si l'on s'adressait à un homme plus profondément versé dans les choses de ce monde, il vous dirait : « C'est le sanctuaire de la science ; c'est là que des savants, simples, modestes, laborieux, préparent leurs leçons pour de nombreux et avides auditeurs. » Ces deux hommes seraient des imbéciles...

Le Muséum d'Histoire naturelle est une république aristocratico-démocratique, une république capable de dégoûter les Brutus les plus intrépides de toute espèce de république. Elle est composée de quinze professeurs inamovibles assaisonnés de quinze aide-naturalistes, pauvres infortunés soumis au bon vouloir de ces messieurs. Chaque professeur a son petit palais et gouverne en autocrate dans sa spécialité. Il a seul la clé des collections visibles ou cachées, seul il peut en disposer à son gré ; à lui le droit irresponsable d'emporter et de garder animaux, livres et échantillons aussi longtemps qu'il lui plaît, au préjudice des travailleurs.

Malgré le lieu qu'établit une solidarité d'intérêts, les professeurs ne s'aiment pas entr'eux ; toujours en querelle, ceux qui s'abordent ou discutent ne le font qu'avec aigreur ; toutefois lorsqu'il s'agit de la conservation de leurs privilèges et de l'inviolabilité de la coterie, vite on se rapproche, on se ligue, les dissensions s'apaisent, et, dans l'intérêt commun, on repousse l'ennemi.

Cette ligue a rendu pour ainsi dire héréditaires les fonctions professorales. Déjà nous voyons la famille des Brongniart (dont le chef *Porcelainianus* de Linné) et la longue kyrielle des *Porcelainianiste*s de tous degrés de parenté s'étendre comme un réseau sur le Muséum, et vous ne pouvez y entrer, même à titre de balayeur, sans vous être incliné devant les astres *porcelainiancaux*.

Les employés subalternes, parmi lesquels on compte beaucoup d'hommes qui ont rendu de véritables services à la science sont condamnés pour toujours à la subalternité. Mal rétribués, décorés d'un titre bâtard, ils préparent toute la besogne du professeur, qui souvent serait fort embarrassé d'être son aide.

L'ordre qui règne dans les galeries et les jardins n'est qu'apparent. Rien n'est classé. Les catalogues ne sont pas dressés, et cet établissement, véritable Campo Santo des richesses scientifiques amassées depuis un siècle et demi, est inutile à l'étude.

Certaines collections sont dans un état tout à fait désespérant de délabrement ; excepté une partie des mammifères, tout le reste est un désordre inextricable. A quoi bon verser l'or dans cet établissement quand on a vu un ancien aide-naturaliste et un ancien préparateur posséder des collections dont la valeur était de sept ou huit fois supérieure à celle que possède le Muséum ? Comment se forment ces collections privées ?…C'est un mystère. Cependant le secret n'en est pas perdu, et il ne se découvrira sans doute que quand les armoires seront vides.

Les jardins et les serres sont à peu près aussi inutiles aux étudiants. On ne pénètre qu'au moyen de cartes qu'on peut changer à volonté, et malheur à qui déplaît ! Malheur à qui ne croit pas à l'infaillibilité des savants professeurs : il sera exclu comme un paria des faveurs de l'entrée des serres. L'autocratie professorale transmise hiérarchiquement aux subalternes, s'exerce avec la même rigueur dans le jardin botanique et les galeries des herbiers.

Mais, en fait de drolatique, on ne saurait rien voir de mieux que le jardin d'agriculture. Aussi l'on n'y fait rien, l'on n'y peut rien apprendre. Cette école d'agriculture au petit pied sert chaque année à nourrir les moineaux qui se trouvent ainsi défrayés aux dépens de la nation. Heureux moineaux !

Donc, sous l'autocratique volonté des oligarches du Muséum, cet établissement national, haute et puissante conception qui devrait servir à l'instruction de tous, est la propriété de quelques hommes qui prélèvent chaque année, sur notre gros budget, la somme de 335.000 fr. sous prétexte de matériel et d'administration.

Chapitre 2

Du savant

Il y a des savants de deux ordres bien distincts : le savant qui sait quelque chose et celui qui ne sait rien. Or, quel est le plus savant des deux ? C'est celui qui ne sait rien.

Cette conclusion qui pourra paraître absurde à quelques-uns, semblera du moins hasardée aux hommes doués de perspicacité. Pour me laver du reproche d'avoir dit des sottises, je vais m'expliquer.

Le savant qui sait quelque chose est sobre d'hypothèses et d'explications forcées. Il sait beaucoup, car il a beaucoup observé ; mais ses déductions sont rares, et le plus souvent il dit : je n'en sais rien ; j'ignore. Il construit pour l'avenir, et son instruction s'élève avec lenteur.

Le savant qui ne sait rien a pour qualités premières de l'aplomb, de la faconde et beaucoup d'imagination. Il sait tout, principalement ce qu'il ignore, et il édifie pour quelques jours de charmantes petites théories, bien propres, bien alignées qui font par leur gentillesse l'admiration des gogos. Il fait plutôt un métier de prestidigitateur que d'observateur sérieux.

Le savant qui sait quelque chose vit dans son coin, seul avec la science ; ni l'envie ni l'ambition ne le tourmentent. Il admire les découvertes d'autrui quand elles ajoutent quelque chose à ce qu'il sait, et près de lui chacun obtient accès, chacun trouve justice. Il sait que la science convient au perfectionnement de la société tout entière, et il écrit pour tout le monde et dans une langue que tout le monde lit et comprend.

Le savant qui ne sait rien peuple les Académies ; il est membre de toutes les sociétés savantes françaises et étrangères ; il est dur, vaniteux, opiniâtre, ambitieux, et rien ne lui coûte quand il s'agit de se faire un nom. Ce dernier met la science sous le boisseau, et pour se donner de prétendus airs de génie, il jargonne un petit baragouin très agréable que personne ne comprend. Le pis de tout, c'est qu'il a persuadé à plus sot que lui que la science, consiste dans des mots.

Chapitre 3

Des finalités

Il en est des opinions comme de toute chose : chacune a son temps, son habit, sa figure ; et à part le philosophe qui trouve que la vérité est de toute saison, la plupart des savants plient leurs systèmes aux volontés dominantes de leur époque. Les savants du dix-huitième siècle, observateurs sévères, laissant la religion aux prêtres qui l'enseignent, voyaient dans l'univers ce qu'il y devaient voir, des faits noyés au milieu d'un grand doute ; aussi avaient-ils ri des capucinades des savants de la Compagnie. Mais les préjugés disparaissent un à un, et ceux qui nous ont infusés avec l'enfance, laissent pour la vie une empreinte ineffaçable. Aussi la vérité eut un moment le dessus, puis elle revint dessous. Enfin, depuis plus de quarante ans, elle flotte avec des chances diverses, et au moment où j'écris ces lignes, elle est en train de couler à fond. Quelques savants se sont bien posés en défenseurs du vrai, mais on les a honnis ; les uns, morts dans l'impénitence, sont voués à l'exécration des fidèles et des idiots ; d'autres, pauvres douteurs, comme Broussais, n'ont pas même été jusqu'au bout de leur doute et ont chanté la palinodie. Enfin, la majeure partie, hérétiques au nom de la raison et de la science, n'osent pas conclure et feignent de n'avoir pas été compris. Ces pauvres honteux sont nés sous une fâcheuse étoile, et ils sont bien à plaindre d'être si timides.

L'École de Cuvier –qui sent si fort la momerie- affiche hautement ses croyances commodes, et la philosophie lui fait peur.

Quant aux autres, M. de Blainville en tête, ils se sont retranchés derrière les finalités, charmante invention qui n'engage à rien et vous couvre d'un petit manteau de religion fort peu gênant. Les finalités consistent en ceci : c'est que chaque animal est bien, très bien comme il est et qu'il ne pouvait être mieux. Ainsi ces messieurs approuvent fort le Créateur d'avoir donné des yeux à l'homme, car sans cela il n'y aurait vu goutte, et c'eut été dommage !... Des pieds pour marcher, des mains pour saisir, des ailes pour voler, un estomac pour digérer, des aliments pour se nourrir, leur semblent une admirable invention. Enfin la finalité n'est autre chose que la chanson de La Palisse appliquée aux questions religieuses.

Voici, du reste quelques couplets faits à ce sujet par M. de Blainville, musique de M. Laurillard.

Ici-bas, tout est charmant
Amis, c'est là mon système,
Et ce serait autrement
Si ce n'était pas de même

Le Bon Dieu fit les pigeons
Pour rôtir en casserole
Et forma les hannetons
Pour qu'on leur dit : vole ! vole !

Il créa l'astre qui luit
Du matin jusqu'à la brune,
Et la lune pour la nuit,
Afin qu'il fit clair de lune.

Que de dentistes ruinés
Sans les os de nos gencives !
Si nous étions nés sans nez,
Que de lunettes oisives !

Comment porter un chapeau
Si nous n'avions pas de tête ?...
Convenons que sans cerveau
Même un savant serait bête ?...

Ici-bas, tout est charmant
Amis, c'est là mon système,
Et ce serait autrement
Si ce n'était pas de même[2].

---

[2]   Cette petite pièce, par sa naïveté, fait grand honneur aux deux illustres savants ; nous regrettons de n'y pouvoir joindre le *fac simile*, qui a été déposé à la Bibliothèque royale.

Chapitre 4

Une conjuration

M. de Blainville (*Anatomicus Erinaceus*, de Linné), se présente un jour, au milieu de ses collègues, le visage altéré, le front soucieux ; tout annonce dans son maintien une préoccupation pénible.

« Messieurs, leur dit-il d'une voix sonore et creuse, notre avenir est menacé si nous ne prenons immédiatement des mesures pour assurer notre salut. Le vulgaire fait de toutes parts irruption dans le sanctuaire de la science ; la langue que nous parlons ne lui est plus inconnue, et déjà il s'est trouvé, parmi cette tourbe, des hommes qui jugent nos écrits, épluchent notre style et prononcent sur le mérite de chacun de nous. Or qu'adviendra-t-il si nous ne mettons, entre le peuple et le savant, une triple enceinte, afin que des regards indiscrets ne pénètrent pas les mystères du temple ?

M. de Valengennes. – Hélas ! quel remède apporter à tant de maux dont, comme vous, nous sentons l'imminence ?

M. de Blainville. – Cessons de parler la même langue que le peuple. Bannissons le français de nos écrits et créons, chacun dans notre spécialité, une langue sacrée, incompréhensible aux simples mortels.
Abjurons, ô mes chers collègues, les dissensions qui éclatent parmi nous : quand il s'agit de notre salut, unissons nos forces contre l'ennemi commun. (Acclamations). D'admirables exemples nous sont fournis par les anciens. –Avons-nous vu Pythagore publier sa doctrine par les rues ?...Platon a-t-il parlé un langage compris de tous ?...-Aristote n'avait-il pas créé pour ses démonstrations un idiome que l'école a fait parvenir jusqu'à nous ?...-Le moyen-âge s'est-il popularisé ?...-Non ! non ! Les savants de tous les siècles se sont entourés de mystère, et le saint des saints n'a été ouvert qu'aux adeptes. – Que de telles leçons ne soient pas perdues pour nous !

Wachendorf, ô mes amis, est digne de nous servir de guide, et c'est dans l'admirable langue qu'il a inventé, que nous devrons nous exprimer dès ce jour, le peuple parle français : gardons de nous servir de cet argot roturier. – A nous le grec et le latin ! à nous ces formes harmonieuses, hardies et mystérieuses à la fois, qui frappent de stupeur l'ignorant vulgaire, et impriment à notre personne un caractère sacré. L'illustre savant que je viens de citer a mis dans son admirable système les noms magiques de schescomonopétales, distemonopleanthérées, pollalostémonopétales, eleuthéromascrostemones, anonoiodipérianthie. – C'est sur cette route que désormais nous devons marcher. Les choses les plus triviales, les noms les plus connus doivent avoir, dans la langue scientifique, une forme hiératique. – Cessons de parler français ou résignons-nous à cesser d'être. Jurez avec moi, ô mes chers collègues, que jamais mot scientifique français ne souillera nos lèvres !...

Tous les professeurs s'écrièrent : « Nous le jurons ! » - Mais Geoffroy Saint-Hilaire se lève et fait un signe de la main qu'il veut parler. – A sa voix tout se tait. « Je m'oppose, dit-il à ce qu'une proposition aussi odieuse reçoive son exécution. Nous sommes ici pour enseigner au peuple, dans la langue qu'il parle, les choses qui peuvent lui être utiles. Nous ne devons pas oublier dans quel but a été institué cet établissement, et ce serait manquer à l'honneur, au devoir, à la raison que de suivre une voie qui nous rendrait tous méprisables et ridicules. La science gagne en grandeur et se vulgarise. Toutes les plus hautes conceptions peuvent être nettement exprimées dans notre langue, et nous ne devons pas cacher sous un jargon prétentieux et inintelligible, la pauvreté de la science. Disons simplement, et en français, ce que nous savons, et ne dissimulons pas notre ignorance. Une langue barbare n'est autre chose qu'un voile commode pour la médiocrité. »

-Bourreau ! te tais-tu, s'écrie avec rage M. de Blainville, qui voit l'impression produite par ce discours sur l'esprit de ses collègues. Que vient-on parler ici de médiocrité ?...Nous devons avant tout veiller à notre indépendance, et si le vulgaire nous déborde, nous serons perdus ! – Ô mes bien-aimés collègues, je vous en conjure au nom de votre intérêt, au nom de la position que chacun de nous a si péniblement acquise, abjurez la langue vulgaire et créons un idiome qui ne soit compris que de nous ! – Encore même n'est-il pas nécessaire que nous le comprenions toujours.

Geoffroy Saint-Hilaire se lève pour répondre, mais le brouhaha des professeurs l'empêche de se faire entendre. – Il quitte l'assemblée. – L'orateur se frotte les mains.

Après le départ de Geoffroy, il est convenu entre les conjurés que chacun apportera le plus prochainement possible ses essais, et qu'ils seront perfectionnés avec une louable persévérance.

A quelques temps de là, on vit paraître par l'auteur du projet, des *monodelphes*, et des *didelphes*, des *pilifères*, des *célérigrades*, des *gravigrades*, des *onguligrades*, et des *subongulés* ; il y eut des *ostéozoaires*, des *malacozoaires*, des *alinozoaires*, des *spermatozoaires*, etc.

Puis vinrent des *arctocéphales*, des *calocéphales*, des *chrysochlores*, des *dichobunes*, des *glossophages*, des *macroglosses*, des *oryctéropes*, etc.

Les poissons désignés sous des noms gracieux tels qu'*Aphyostomes*, *eleutheronomes*, *syphonostomes*, *ophicthyoctes*, etc., se présentent sous le règne animal de Cuvier sous ceux de *Acanthoptérygiens à pharyngiens labyrinthiformes*, de *Plectognathes*, de *Lophobranches*, de *Malacoperygiens subrachiens*, etc.

Les reptiles eurent aussi des noms très agréables, et parmi les jargonneurs les plus avancés, on cite l'auteur des *Atryptodontopholidopides* et des *Diadactylobatraciens*.

Mais les plus habiles Néologues scientifiques sont les botanistes : ils ont créé une langue si belle, si douce, si complexe que les auteurs eux-mêmes sont souvent embarrassés, et, pères barbares, ils méconnaissent leur progéniture.

Voilà donc comment, ô pauvre langue française, tu sortis mutilée des mains des professeurs qui cachèrent les souillures faites à la robe sous des oripeaux grecs et latins. Mais un pareil attentat ne suffit point aux doctes hommes qui s'étaient coalisés : afin d'étendre le domaine de leurs principes hérésiarques, et de donner à leur système une base solide, ils formulèrent des lois, des codes, dont voici un extrait à l'usage des catéchumènes de la science.

Les douze commandements de la science

A tes maîtres obéiras
Sans résister – aveuglément.

La science n'étudieras
Qu'à notre seul commandement.

Notre système adopteras
Sans dire *noir* quand dirons *blanc*.

A tes périls le défendras-
Contre tous –énergiquement.

A tout jamais te garderas
D'un seul perfectionnement.

Philosophie éviteras
Car c'est une œuvre de Satan.

De logique te priveras
Comme d'un usage assommant.

De la raison te moqueras
Et du sens commun mêmement.

Tel langage tu parleras
Que nous comprenions seulement.

Leçons de style tu prendras
Dans les cartes de restaurant.

En foi de quoi tu parviendras
A l'Institut directement.

Et par ces principes seras
Tout aussi docte qu'un savant.

Chapitre 5

Nécrologie

Neuf hommes surtout représentent l'ancien Muséum d'histoire naturelle. *Tous* furent célèbres dans des directions opposées ; *tous* appartenaient, malgré la divergence de leurs pensées, à une époque de franche loyauté à laquelle *tous*, excepté un, restèrent fidèles. A leur tête brille Lamarck, qui continua Buffon avec un éclat qu'eut envié son illustre prédécesseur ; et le dernier (Geoffroy Saint-Hilaire) éteint il y a peu d'années seulement, a lancé au milieu de l'arène de science, un flambeau qui brillera tant qu'il y aura des hommes de cœur et d'indépendance.

Lamarck

(Philosophus clarissimus, de Buffon)

Quel front ne se découvrirait pas en entendant prononcer le nom de l'homme dont le génie fut méconnu et qui languit abreuvé d'amertume. Aveugle, pauvre, délaissé, il resta seul avec une gloire dont il sentait lui-même l'étendue ; mais que sanctionneront seulement les siècles auxquels se révéleront plus clairement les lois de l'organisme.

Lamarck, ton délaissement, quelque douloureux qu'il fut à ta vieillesse, vaut mieux que la gloire éphémère des hommes qui ne durent leur réputation qu'en s'associant aux erreurs de leur temps.

Honneur à toi ! Respect à ta mémoire : tu es mort sur la brèche en combattant pour la vérité, et la vérité t'assure l'immortalité.

Latreille

(Entomologissimus, de Shaw)

Le savant qui, menacé par la hache révolutionnaire, s'intéressait à un insecte, devait être un homme de détail et pas un naturaliste. En effet, Latreille fut toute sa vie entomologiste et n'alla pas au-delà. Il ne comprit ni Lamarck, ni Geoffroy et s'entendit fort bien avec Cuvier.

Latreille avait une fort belle collection d'insectes qui lui avait coûté bien peu et qu'il vendit fort cher.

J'ignore s'il a laissé son procédé, mais je ne le crois pas perdu.

Audouin

(Bibliocleptes thoracius, de Linné)

Audouin est mort. Paix à ses cendres ; il fit de la science facile s'il en fut. Les méchantes langues prétendent qu'il emprunta au pauvre Lachat mourant, le fameux mémoire sur le thorax des insectes, qui lui vaut son entrée à l'Académie. D'autres langues non moins malicieuses parlent de mémoires étrangers publiés comme originaux, puis une foule d'autres histoires que je ne répéterai pas. Je ne me ferai point le Saint-Simon de ces drôleries.

Geoffroy Saint-Hilaire

(Transcendentalus honestus, de Serres)

Geoffroy n'est plus, et tout éloge rendu à sa mémoire n'est plus une adulation, c'est un juste hommage. Bon, honnête, enthousiaste de la haute et profonde pensée à la recherche de laquelle il consacra sa vie, Geoffroy, homme de cœur et plein de sensibilité comprit Lamarck et l'aima. Aimer un délaissé, serait déjà une noble action si avoir ouvert à la science une voie qu'on s'efforce vainement de nier, n'eut été une tâche sublime que sanctionnèrent 50 années de travaux assidus, et ne lui eussent acquis des droits au respect de la postérité.

Desmoulins

(Anatomicus philosophus, de Serres)

Homme de haute et sérieuse portée, Desmoulins, attaché à la philosophie de la science, fit des travaux très remarquables dans toutes les parties de la zoologie. Cuvier ne l'aimait pas, et Desmoulins le payait en retour. On peut avoir une idée nette de la portée d'esprit de cet habile anatomiste, en lisant son article Cynocéphale du dictionnaire classique d'histoire naturelle. (Frédéric Gérard)

Georges Cuvier

(Analyticus diplomaticus, de Lacépède)

Georges Cuvier, homme intelligent, analyste habile, doué d'une grande sagacité, fut néanmoins pour le jardin du Roi la robe de Nesus. Les entraînements de son éducation protestante, lui avaient inspiré l'aversion de la philosophie encyclopédique ; il ne comprit pas dès son entrée dans le temple de la science, toute la splendeur de cet édifice, il n'y vit que des lignes à reproduire, des chapiteaux à dessiner, une disposition architecturale à décrire, sans remarquer qu'il y avait de tout cela une idée générale à déduire. Il sapa les larges vues qui présidaient à l'enseignement, et y substitua les froides données émises dans son Tableau du règne animal. Plus courtisan que naturaliste, il s'éleva au faîte des grandeurs par sa condescendance aux volontés des pouvoirs qui se succédèrent, et consacra dans la science une erreur déplorable : c'est que l'histoire naturelle est la science des détails, et que la méthode est le but premier et dernier du naturaliste. Il ne fit rien pour le succès des études propres à émanciper l'esprit et empêcha les hommes généreux qui avaient compris la science autrement que lui, de dominer leurs doctrines. Je traiterai cette question tout au long dans l'histoire de l'école de philosophie naturelle. (Frédéric Gérard).

Frédéric Cuvier

(Hippodamas innocentissimus, de Buffon)

Par l'effet d'une de ces grâces d'état qu'on ne rencontre pas tous les jours, Frédéric se trouva le frère de Georges. Georges qui s'était attaché à tout ce qu'il y avait de profitable, grandit, et fit comme par hasard son frère naturaliste. Le pauvre homme le fut bien innocemment, et le malheur voulut qu'il eut aussi des prétentions littéraires, ce que démentent ses écrits.

Georges Cuvier aurait bien dû savoir qu'il n'y a en général qu'un mâle par famille et ne pas remettre aux mains de son frère les rênes de la ménagerie au préjudice de Geoffroy Saint-Hilaire. Toutefois les bêtes avaient été confiées aux soins de Frédéric, et d'aucuns prétendent qu'il était digne de les conduire. Ce petit triomphe l'avait enorgueilli : il fallait, pour que la victoire fut plus complète que le sarcasme s'y joignit. Un petit journal du temps publia les adieux de M. Geoffroy aux animaux sous l'influence de l'école adverse.

Un dernier adieu

L'aurore aux doigts de rose venait d'ouvrir les portes de l'Orient. Les oiseaux chantaient sous le feuillage, le zéphyr caressait de son haleine embaumée la jeune fleur à demi éclose, et tout dans la nature annonçait un calme profond. – Mais au fond de l'âme de Geoffroy grondait la tempête !

Après une nuit sans sommeil, il se lève, et descend au jardin. Il se rend à l'enceinte où reposaient la girafe, le zèbre, l'éléphant, le bison et le tapir. A sa venue, les animaux quittent leur couche et se forment en cercle autour de lui.

« Chers enfants, leur dit-il d'une voix émue, je mets un terme à ma vie scientifique et je m'enveloppe dans ma philosophie. Vous que j'ai vus arriver au jardin et dont j'ai accueilli paternellement les premiers pas ; vous dont l'existence et la santé m'étaient plus chères que la vie, je vais à jamais m'éloigner de vous ! »

L'éléphant s'essuie une larme avec sa trompe, et le bison fait la grimace. – Le tapir, qui ne comprend rien au français de l'académicien, lui rit au nez.

« Consolez-vous, mes enfants, continua Geoffroy ; du fond de l'asile où je vais ensevelir mes derniers jours, je veillerai sur vous et j'userai jusqu'à la dernière goutte d'encre, je briserai ma dernière plume pour plaider votre cause et démontrer que, conformément au plan commun, au type unique, l'homme est votre frère cadet et vous doit le respect. – A toi, aimable proboscidien, l'herbe tendre de nos prairies, à toi, svelte caméléopard, le feuillage de nos arbres.

- Et moi, dit le bison, qu'aurai-je dans tout ceci ?…
- Rassure-toi, mon fils bien-aimé, il t'est réservé une large part. – Mais ne trouvez-vous dans votre cœur aucune parole d'amour pour votre père, s'écrie l'illustre victime…
- Monsieur Geoffroy, lui dit l'éléphant, je n'ai pas compris tout votre discours, et votre visage affligé a seul produit sur mon âme une impression douloureuse. Dites-moi seulement comment il se fait que moi que vous regardez comme le frère aimé de l'homme, vous m'ayez arraché à mes forêts bien aimées où j'errais avec mes semblables, pour me transporter au milieu de cette étroite enceinte de bois où je vis en esclave. – Jadis, je voyais chaque jour se lever le soleil : du fond de cet antre, je ne le vois jamais paraître, et quand le froid se fait sentir, je passe des mois entiers dans la tristesse et dans l'ennui. L'homme qui me garde ne me

maltraite pas parce que je suis plus fort que lui et qu'il redoute ma colère ; mais je suis votre esclave et je sers de risée à la foule ébahie des badauds qui s'étonnent de ce que j'ai le nez un peu plus long que le leur, et l'accusent de laideur et de gaucherie. – Je ne veux plus être le jouet d'un peuple d'imbéciles et je vous demande que vous signaliez votre départ par un bienfait inappréciable : Rendez-moi la liberté ; faites-moi reconduire en Afrique. »

Ici les animaux se rapprochèrent du professeur.

- Rendez-moi à mes déserts de sables ! minaude la girafe.
- Rendez-nous nos savanes, nos bois, nos vastes plaines, nos forêts ombreuses ! s'écrient le tapir, le bison et le zèbre.
- Et les plages chéries de l'Australie ! soupira le Kanguroo.
- O bien-aimée Cyrénaïque, s'écrie le chameau, j'ai donc l'espérance de te revoir !

« Mes enfants, répond le professeur, vos demandes sont justes et je serais prêt à y faire droit, si je pouvais seul briser vos fers ; mais je suis esclave comme vous, et je ne puis qu'être votre interprète auprès de mes anciens collègues. Vous trouverez en moi le soutien de la cause de l'animalité. – Embrassons-nous, mes enfants, peut-être est-ce la dernière fois que votre ami vous presse sur son cœur. »

Les animaux viennent tour à tour embrasser le professeur. La girafe se jette dans ses bras et s'évanouit.

Le sensible Geoffroy s'éloigne, et les animaux l'accompagnent de leurs cris : Liberté, liberté !

Quand il fut hors de l'enceinte, le père Geoffroy s'en alla pensif, répétant par le chemin : Pauvres bêtes ! vous êtes enfoncées ! – Enfoncées comme moi ! »

Et le savant regagna sa demeure où il resta sans nourriture depuis le déjeuner jusqu'au dîner.

*****

Il faut lire les pages pleines d'amertume qu'écrivit Geoffroy, en voyant ses services méconnus et l'espoir de sa vieillesse, ses fonctions transmises à son fils, si douloureusement déçu. Que de tristesse et d'éloquence dans le chapitre portant pour titre : *Vieillesse outragée.*

Lacépède

(Ichthyologus affabilis, de Gray)

Je ne suis pas le laudateur du passé aux dépens du présent : mais je ne puis m'empêcher d'avouer que les chaires d'histoire naturelle furent d'abord occupées par des hommes qui savaient unir la bienveillance à la vraie science. Lacépède, tout en exagérant souvent Buffon qu'il avait pris pour modèle, était néanmoins dans les bonnes traditions. Son ouvrage sur les poissons est un livre qu'on lira longtemps, surtout ceux qui ont connu le professeur, chez lequel une bonté inépuisable faisait excuser ses idées quelquefois erronées en littérature. Ses discours d'ouverture, ses vues générales en histoire naturelle, le mettent au rang des hommes qui ont compris ce qu'il y a de sublime dans l'étude de la nature. Il a par malheur trop souvent employé un coloris faux et chatoyant.

Desfontaines

(Botanicus caudatus, de Pallas)

Desfontaines, botaniste savant, plein d'une bienveillance appréciée de tous ses élèves, n'était pourtant qu'un médiocre professeur. Son cours était pâle et dénué d'intérêt. On y apprenait à devenir à peine un nomenclateur obscur ; mais jamais un botaniste. Pourtant son enseignement, fondé sur les principes de Laurent de Jussieu, exposé sans prétention ambitieuse à des idées systématiques, valait mieux que les cours modernes en ce qu'il avait au moins le mérite de la simplicité. Il ferait aujourd'hui comme Vauquelin déclinant sa compétence, quand il s'agit de juger un travail à prétentions transcendantes : il déclinerait la sienne s'il lui fallait porter un jugement sur un traité de morphologie, de phyllotaxie, etc.

Deleuze

(Acolytus nihilianus, de Serres)

Jamais aide-naturaliste plus calme ne fut appelé à seconder plus calme professeur. Quelques instants avant la leçon, Deleuze s'avançait piano avec un bottillon de fleurs qu'il étalait sur le bureau. Le professeur arrivait : dès qu'il ouvrait la bouche, l'excellent Deleuze montrait aux auditeurs le vertex de sa perruque blonde et dormait d'un profond sommeil. Il n'avait qu'une passion : celle du magnétisme, et il magnétisait tout ce qui l'approchait. Puis il écrivait sur cette admirable science d'innocentes élucubrations dignes de Swedenborg, ou de Marie Alacoque. Plus tard il fut bibliothécaire *ad honores* et vint dormir à la bibliothèque comme il avait dormi à l'amphithéâtre, jusqu'à ce qu'il dormit du sommeil du juste. Heureux temps ! âge d'or ! qu'êtes-vous devenus ?

André Thouin

(Horticultor optimus, de Pallas)

Thouin, professeur de culture, s'acquittait de cette tâche avec une bonhomie qui le faisait chérir de ses disciples. Il n'était pas au-dessous des cours modernes, sans cependant s'occuper de théorie autant qu'on le fait aujourd'hui. Il appartenait à une époque où l'on prenait au sérieux les choses qu'on enseignait, et il n'était ni pair de France, ni conseiller d'état. Il lui arrivait parfois de rencontrer son frère Jean qui était dévoué corps et âme au culte de la dive bouteille, et il ne lui vint pas à l'esprit d'en faire un professeur. Le bonhomme Thouin le laissait boire : quand Jean avait bu il dormait, quand il ne dormait pas il buvait, et n'en était pas plus à jeun pour cela. Bose le remplaça ; il y avait dans cet homme du bon et du mauvais, pas de science profonde, et beaucoup d'entêtement. Il avait des connaissances pratiques, mais on n'y retrouvait pas la bonhomie et la sagacité d'André Thouin.

Haüy

(Mineralogus abbaticus, de Buffon)

L'abbé Haüy, le protecteur de Geoffroy Saint-Hilaire qui lui avait sauvé la vie, fut le plus grand minéralogiste de son époque : fondateur de l'école minéralogique française, il a posé les bases de cette science ardue sur des principes réels et saisissables, et bien autrement perceptibles à l'intelligence que les théories modernes. Joindre la science à la modestie, être savant par amour de la science même, y voir une mission et un sacerdoce au lieu d'un pavois pour la   vanité, tel fut Haüy, tels devaient être les hommes de science.

Mais Haüy remplacé par Alexandre Brongniart !! Cela rappelle involontairement le Bon Dieu et Saint-Crépin ; je demande toutefois pardon à mes lecteurs de mêler les choses saintes aux profanes.

Fourcroy

(Chimicus philosophus, de Gay-Lussac)

Ami et collègue de Lavoisier, Fourcroy comprit la chimie avec une largeur de vues qui était commune à cette époque. Il crut pouvoir faire une chimie philosophique parce que les doctrines pneumatiques semblaient alors établies sur des bases inébranlables. Il avait néanmoins compris qu'il y a autre chose dans cette science que de la chimie de laboratoire et des théories spécieuses.

On ne peut s'empêcher de reconnaître qu'il y avait à cette époque de tourmente je ne sais quel *brassement* d'idées qui frappent par la haute portée. Dam ! c'est qu'un peuple qui se réveille après un sommeil de quatorze siècles, et que des hommes comme Voltaire et les encyclopédistes avaient tiré par la manche, doit être fièrement nerveux !

Vauquelin

(Chimicus modestus, de Geoffroy)

Le modeste Vauquelin fut une des gloires de la chimie française ; et comme chimiste applicateur, ce fut un des hommes les plus illustres de son époque. A la fin de sa vie, il se récusa, ainsi que Deyeux, lorsqu'on lui remit un mémoire de chimie moderne, pour en rendre compte, faute, disait-il, de pouvoir comprendre la nouvelle terminologie, et les théories dont on a caché le vide sous des mots. Belle leçon pour ceux qui réfléchissent sur cet aveu naïf de l'homme qui pouvait se regarder sans orgueil comme le premier chimiste de l'Europe.

Physique et Chimie

L'enseignement des sciences exactes se rattache d'une manière intime aux sciences naturelles dont elles sont le prodrome ; mais il ne faut pour professeur au Muséum, ni un physicien de cabinet, ni un chimiste de laboratoire. La *physique* doit y avoir ce caractère particulier ; qu'elle doit s'appliquer d'une manière toute spéciale aux phénomènes qui régissent les corps organiques ou inorganiques. Ce qui devrait donner occasion au professeur d'aborder toutes les grandes questions de la vie et de traiter dans leurs plus grands détails les influences des agents généraux sur les organismes, comme modificateurs. Ce cours ne devrait être qu'un chapitre d'introduction à l'histoire naturelle générale ; or il y a loin de là à ce qui est enseigné : c'est de la physique comme au collège de France, comme partout, et ce n'est nullement ce qu'il conviendrait d'enseigner.

Puis, d'un autre côté, cette science est si obscure, si difficile, si remplie d'incertitude ! Elle manque entièrement de synthèse ; et si l'on a une physique générale, on n'a pas une physique philosophique. Il manque à cette science des connaissances d'ensemble ; elle étudie les détails et s'y arrête comme à des colonnes d'Hercule, faute de pouvoir aller plus loin. Ensevelie sous des formules algébriques, elle achève de perdre tout sentiment de la synthèse, et l'on sait que les mathématiciens sont peu portés à la philosophie, la plupart ne sont que des instruments de précision et beaucoup, de simples machines à calculer.

La *chimie* est dans le même cas que la physique : on ne peut que répéter ce qu'on sait ; aussi tous les cours ressassent-ils les mêmes idées, seulement que chaque année ajoute à la science quelques difficultés de plus. C'est une science à réapprendre de fond en comble tous les deux ans. Lavoisier, Dalton, Berzélius, etc., etc., ont fait leur temps : leurs théories si chaudement exaltées, plus vraies à leur naissance que la vérité même, sont aujourd'hui reléguées parmi les erreurs : de nouvelles les remplacent pour un jour, puis souvent elles meurent en éclosant, et l'on n'a pas une base large comme un dé à jouer pour servir de piédestal à cet immense échafaudage. Pourtant cette science a rendu à l'industrie d'immenses services : comme science d'application elle est pleine de faits solides : sa partie minéralogique est riche en connaissances variées, elle offre même des exemples de synthèses ; mais qu'on ne lui demande rien de plus que de l'empirisme car cette partie même est sans théorie. Là finit son domaine ; la chimie, n'en déplaise à nos chimistes modernes, se tait et balbutie chaque fois qu'il s'agit de ce laboratoire mystérieux où se fabriquent le sang, la bile, la salive, etc. Les questions d'agrégations atomiques qui dominent tous les phénomènes organiques, et les variations typiques, simples jeux d'agrégation moléculaire, ne sont pas étudiées sous ce rapport, obscur il est vrai, mais pourtant le seul point qui demande à être abordé autant en penseur qu'en chimiste à expérience ; ce qui n'empêche pas d'enseigner imperturbablement la chimie organique, comme si cette science existait. Ces dernières années ont produit des travaux plus ingénieux que solides, mais il manque encore une chimie philosophique ; qui la fera ? (Frédéric Gérard)

Chapitre 6

Physique

M. Becquerel

(Galvanicciolinus saltatriculus, de Shaw)

A qui ou à quoi devons-nous cet illustre électromane ? – Les uns sont les fils de leurs œuvres ; d'autres doivent leur succès à une protection puissante, à une direction éclairée. Quant à M. Becquerel, il s'est passé de tout cela. C'est à l'argile d'Auteuil qu'il doit sa vocation pour les sciences ; c'est à elle qu'il doit de lui avoir révélé combien il est propre aux observations, avec quelle subtilité il fait une expérience !…Mais, hélas ! l'argile peut bien se tromper !

Errare argillosum est ! Néanmoins, M. Becquerel ayant foi dans l'argile s'est arraché à ses douces occupations postières et a accordé aux sciences la douce faveur de s'occuper d'elles.

Argile, argile, ma mie, vous êtes bien gentille ; mais vous avez gâché clair !

Depuis que M. Becquerel s'est occupé des sciences, il a immensément produit, et s'il se couchait sans avoir trouvé une loi nouvelle, il dirait comme Titus : *Diem perdidi* ! Il est vrai d'ajouter que ses lois ne tiennent guère, et que chaque jour voit tomber celle de la veille.

De tous les physiciens, M. Becquerel est l'homme qui fait le plus d'expériences, mais il est loin d'être celui qui les fait le mieux ; il n'a pas la délicatesse nécessaire pour arriver à des résultats satisfaisants.

Cependant, M. Becquerel est sûr de son talent ; il se fâcherait tout rouge si on osait le contredire. Parlez-lui de quel point vous voudrez de la science, personne ne l'a plus profondément étudiée que lui ; il la sait comme s'il l'avait inventée, et à part la poudre, à la fabrication de laquelle il ne réclame aucune part de collaboration, toute découverte émane de lui.

Avec un talent aussi transcendant, il est permis d'avoir de l'orgueil, et M. Becquerel use de ses avantages. Quand il se trouve à côté de l'illustre sultan de l'Académie, il s'étend, se gonfle et se travaille, s'efforçant d'égaler l'immortel en grosseur.

M. Becquerel a composé sur l'électricité un travail long, diffus, obscur, fouillis, archi-fouillis que vous ne comprenez pas quand vous l'avez lu, et je vous plains, car si vous aviez compris, vous viendriez facilement à bout de la Trinité et autres mystères.

Grâce à de hautes influences ; M. Becquerel a fait doter les bibliothèques publiques de ses ouvrages, dont le mérite est tout numérique.

M. Becquerel a-t-il eu dans ses jeunes années la danse de Saint-Gui, de Saint-Weith, *seu* la chorée, ou bien est-il élève de Vestris ou de Montessu : car il va toujours dansant, sautillant, sautelant, sautillottant, titubant, fretillant, fretillonnant, fretillottillant, trotinant, trotrillant, tortillant, tortillonnant, gambillant, heurtant, cognant, butant, culbutant, enfin dans un état d'agitation fébrile qui ne peut être que le résultat de ses études électriques qui lui attaquent les nerfs ; aussi a-t-il failli être enlevé il y a un mois par des émissaires du célèbre Mohyi-Eddin Abou-Ali-Abd-Alrahim, ancien kadi d'Alep qui voulait le donner comme professeur de danse au jeune Aboul-Mahasin Yousouf Ben-Rafin-Ben-Temin, son fils aîné ; et il a été miraculeusement sauvé de leurs mains au moment où les scélérats tournaient le coin de la rue Quincampoix et l'allaient forcer à monter dans un ballon frété par eux pour Alep. Cet accident prouve qu'il est dangereux à un savant d'avoir l'air d'un professeur de danse, aussi conseillerais-je à M.

Becquerel de se mettre dans le dos et sur la poitrine un écriteau portant : Becquerel, physicien.

M. Edouard Becquerel

(Platycephus, de Gray)

M. Becquerel fils a plus de méthode et l'esprit plus droit que son père. Mais les influences héréditaires sont toujours dangereuses. Il a sous les yeux de meilleurs exemples à suivre que ceux du papa.

Chapitre 7

Chimie

M. Gay-Lussac

(Integerrimus, omnes.)

Laborieux, honnête, instruit, M. Gay-Lussac, digne successeur de Fourcroy et de Vauquelin, demeure étranger aux intrigues de ses collègues. Il s'occupe de la science en homme qui l'aime et la comprend, et il a renoncé à ses places pour se consacrer tout entier à ses travaux. Cet exemple devrait être suivi par MM. les sinécuristes. Il est à regretter que des fonctions publiques le dérobent à l'étude : car un savant est toujours un pauvre législateur.

M. Dubois est à l'aide de M. Gay-Lussac ; il est certes sous un bon maître ; mais je déclare ne pas connaître M. Dubois, aussi dans ce que je dis de lui je ne crois pas qu'on puisse m'accuser de camaraderie. Qui sait ? *Quien sabe ?* le monde est si méchant. Peut-être dira-t-on que mon silence est un acte de népotisme, que c'est un moyen de le mettre en relief, et mille autres balivernes plus ou moins mal intentionnées. Non, je ne connais pas M. Dubois ; mais je déclare qu'il est un mortel aimé des dieux, s'il est du bois dont on fait les professeurs qui ne sont pas de bois !

M. Chevreul

(Tardeloquens, de Lacépède)

M. Chevreul est un grand sec, parlant lentement, marchant lentement, agissant lentement, pensant lentement, un véritable *tardigrade*. – Ancien préparateur du savant et modeste Vauquelin, il n'a pas marché sur les traces de son maître. Il a été d'abord directeur de teinture aux Gobelins. A cette époque, la duchesse de Berry visitait souvent cet établissement, le parcourait dans tous les sens et jetait un coup d'œil furtif dans le laboratoire.

M. Chevreul instruit de la présence de l'illustre visiteuse, se *recoursait* les manches, se coiffait d'un madras et faisait allumer force fourneaux d'où s'échappaient des vapeurs diversement colorées. A le voir, on eût cru qu'il était occupé d'une série d'expériences du plus haut intérêt…Eh bien ! non…C'était seulement une galanterie chimique !

Le temps s'écoula et M. Chevreul remplaça Vauquelin : sa réputation était fondée sur l'analyse des corps gras ; car il n'y a pas une huile, une graisse, qu'il n'ait mise dans le creuset. Il lui reste cependant encore à analyser l'huile de cotteret et nous lui croyons les qualités requises pour cette expérience.

Malheureusement, la gloire est une traîtresse femelle, et Liébig a eu l'indélicatesse de reconnaître que les analyses de M. Chevreul sont parfois fausses et inexactes. Impudent Allemand, va !…

Mais il reste à M. Chevreul, pour le consoler, la charmante découverte des CONTRASTES SIMULTANES, au moyen de laquelle il groupe les couleurs de manière à les harmoniser, éteindre les uns et faire valoir les autres. Cette admirable loi s'applique à la mode, à l'arrangement d'un bouquet, à la disposition des fleurs d'un parterre. O *Tardeloquens* ! grand homme que tu es ! le Jardin-des-Plantes est près du Panthéon !

Du reste, M. Chevreul a sans doute commis quelque attentat immense, car on a fait de lui le directeur du Jardin.

M. Chevreul est professeur de chimie appliquée, et il a appliqué cette science à ses intérêts. Il est d'une fierté qui n'est comparable qu'à celle de M. Dumas, qu'à celle du soleil de l'Observatoire, qu'à celle de M. Milne Edwards, qu'à celle de M. Rivière, qu'à celle de M. Blanchard, et peut-être qu'à la sienne.

A l'ouïr il ne peut entrer personne à l'Institut, aucun savant n'est digne de s'asseoir à ses côtés, préjugé qu'il partage avec M. Berthier, analyseur infatigable de tous les cailloux du globe : Il s'indignent même d'être assis à côté l'un de l'autre, et voudraient qu'on créât pour eux seuls un Institut. – Aussi, dit-on partout que M. Chevreul est menacé de l'indisposition du grand duc Constantin, de Casimir-Périer, etc. – Quelque matin, on le trouvera retiré dans un bocal dont il refusera obstinément de sortir et le gouvernement n'aura d'autre parti à prendre que d'y faire mettre un bouchon. Oh ! scientia scientiarum !

M. Calvert

(Lepidopterus Chevreulophobus, de Geoffroy)

M. Calvet, homme instruit, est tourmenté par M. Chevreul, qui tourmente tout le monde. Il fait aussi de la chimie, appliquée aux intérêts du savant auteur des *contrastes simultanés*.

M. Cahours

(Thuriferarius Dumassianus, d'Oken)

Professeur à l'École de Commerce, M. Cahours est un thuriféraire de M. Dumas qui se laisse très volontiers casser le nez avec un encensoir et se fâcherait si ses admirateurs ne s'inclinaient devant lui.

Que M. Cahours prenne garde à lui ; car si son rachis à force de s'en servir s'ankylosait dans le sens prostothonique, il ressemblerait à ces vieux vignerons qui vont donnant toujours du nez en terre comme flairant si les raisins sont murs.

La station qui convient à l'homme est la station verticale ; on cesse d'appartenir à l'espère humaine quand on forme avec le sol un angle de plus ou de moins de 90 centimètres.

Géologie et Minéralogie

La géologie, qui est la science des sciences et la pierre angulaire de la philosophie naturelle, se divise en deux branches bien distinctes : la géologie théorique ou géogénie et la géologie positive ou géognosie. Nous avons beaucoup de géognostes et peu de géologues ou de géogénistes. Cette science, considérée comme un simple recueil de faits, est déjà riche en observations ; mais elle ne fait que de naître, et les géologues qu'on recrute surtout parmi les hommes habitués au froid calcul des mathématiques, semblent croire qu'ils en savent assez pour constituer une science, et entassent mots sur mots, explications sur explications, sans aller au fond des choses. On peut dire de cette admirable science que c'est une science sans nom comme sans langue, une science sans unité, avec des lueurs çà et là ; mais de lumière nulle part. Le géologue, pour être digne de ce nom, doit embrasser dans ses conceptions les phénomènes de tous les ordres astronomiques, physiques, chimiques, minéralogiques, botaniques, zoologiques, etc. Or, quel géologue possède ces données ? Aucun. Les astronomes ne sont pas d'accord avec les géologues qui ne le sont ni avec les physiciens, ni avec les chimistes, ni avec les naturalistes, et pourtant les phénomènes telluriens sont dus à l'ensemble de tout cela. La matière pondérable est une et ne varie que dans ses modes : *granite, végétal, homme,* ce sont les expressions diverses d'un même fait. La loi qui régit le soleil et celle qui régit le grain de sable sont identiques : pourtant cette grande unité est morcelée : chacun en prend une partie, établit sa théorie sans s'occuper de la science qu'il coudoie. Aussi n'existe-t-il aucun lien entre les diverses branches des connaissances humaines. Il ne s'agit pas seulement des observations de surface, mais des grandes lois générales, et ces derniers éléments constituent la partie réellement importante de la science. Un cours de géologie devrait être un des plus suivis et présenter le plus de faits intéressants aux auditeurs de toutes les conditions. La géogénie et la géognosie sont les premiers éléments des sciences naturelles, et l'on ne peut être naturaliste sans avoir étudié les bases sur lesquelles repose l'histoire des organismes. La nature inorganique est la mère de la nature organique ; c'est dans son sein que se sont formés les êtres vivants, et l'ordre des cours devrait être tel, que le cours de géogénie précédât tous les autres. Mais, pour s'élever à des considérations générales dénuées de toute idée préconçue, il faudrait être savant et philosophe, rien que cela, c'est-à-dire se renfermer dans la sphère de la vérité et ne voir rien au-delà : car cette science fait ombre partout, et que de choses il faut taire ou cacher, que de concordances erronées à justifier ! C'est un mal incurable. Considérée comme étude des terrains et des phénomènes secondaires, c'est une branche toute différente de la science qui se rattache aux sciences d'application et se lie intimement à la minéralogie. Cette partie de la géologie est réellement en progrès. On connaît l'ordre de superposition des terrains de différente nature ; on en connaît la puissance, les accidents : on a exhumé bien des débris organiques qu'on décrit et classe ; mais qui n'ont encore guère d'autre utilité que d'aider dans la diagnose des roches. Il manque encore bien des anneaux de cette longue chaîne, il reste encore bien des points obscurs à élucider pour en tirer des déductions avec l'appui desquelles on puisse toujours établir des théories irréfutables. Aujourd'hui les discussions âcres, acharnées ne portent que sur des points de détail, et les mathématiciens, ingénieurs, etc., ont envahi cette branche de la science comme leur domaine, et appliquent l'$a+b$ à toutes les questions[3]. La géognosie est une science de faits, il faut donc les accumuler, les cataloguer, mais se bien convaincre que ce ne sera pas le géognoste qui fera de la géogénie.

La minéralogie, elle, a une autre allure, et le champ spéculatif en est plus restreint ; la géognosie en est la base et l'on n'y peut rien faire sans l'étude de cette science ; elle est à la géogénie dans les questions théoriques, ce qu'une question d'ensemble est à une question de détail, c'est de la géogénie moléculaire. Considérée sous le rapport usuel et pratique, la minéralogie est d'un haut intérêt, et l'on ne peut rien dire que de favorable de l'enseignement de cette partie de la science ; il n'en est pas de même de la partie scientifique, elle s'appuie sur la chimie et flotte avec elle au gré des théories contradictoires. Comme cette dernière science est incertaine, on ne peut rien fonder de solide sur la classification chimique des minéraux. La minéralogie manque

---

[3] Qu'on ne me croie pas l'ennemi des mathématiques ; mais si je repousse cette science comme *criterium*, je reconnais son importance comme instrument.

donc aussi de philosophie ; mais cette importante donnée est subordonnée à la partie pratique, qui est son côté dominant, et celui qui, par son utilité, lui mérite une place distinguée parmi les sciences d'application : les hautes conceptions appartiennent à la géogénie. (Frédéric Gérard)

Chapitre 8

Minéralogie

M. Brongniart

(Procelainianus imperiosus, de Pennant)

Altier, impérieux, habile à tirer parti de tous les talents et de toutes les circonstances pour arriver à ses fins, le vieux porcelainier de la manufacture de Sèvres est le chef de la grande coterie qui domine la république aristocrato-scientifique du Muséum. C'est lui qui peut à son gré faire ou défaire les candidats ; il a semé partout ses fils, ses gendres, ses vassaux, et à part quelques professeurs tels que MM. Isidore Geoffroy, de Blainville, Cordier et Gay-Lussac, tout le monde cède à son influence despotique. Le Muséum est une pépinière où s'élèvent de petits Brongniarts en herbe et des Brongniardistes de toutes les couleurs.

Encore quelques années, et le brongniardisme aura tout envahi. Alors, le père Porcelainianus régnera despotiquement. Autocrate de toutes les sections scientifiques, il ne sera plus permis d'avoir de l'indépendance, du talent, sans son bon plaisir, et il ne permettra à personne ; ou si par cas il le permet, il saura faire des réserves de manière à s'attribuer à lui et à sa race tout ce qui est bien, tout ce qui est bon, et à laisser peser sur les autres tout ce qui est mal et mauvais.

M. Dufresnoy

(Scepticus, de Pallas)

L'illustre chef de la maison Brongniart dont on eût déjà fait un duc et pair, s'il eût consenti à avoir des pairs, a enfin compris qu'il était temps de goûter quelque repos. En effet, combien de Kaolin et de Petunzé ne lui a-t-il pas fondu dans les mains.

Quand l'heure de l'abdication eut sonné, il se mit à réfléchir profondément pour savoir quel serait le mortel digne de faire retentir sa voix où la sienne avait vibré : insigne honneur ; car si M. Brongniart eût été souverain, il eût fait mettre à mort l'audacieux qui aurait osé le regarder –fût-ce par le trou d'une serrure.

On écrivit dans toutes les capitales des deux hémisphères pour savoir s'il n'y aurait pas quelque célébrité qui méritât un tel honneur. On ne trouva personne, si ce n'est à Pékin un certain Fo-li-chon, mandarin de première classe, mais qui déclina cette faveur. Il fut alors décidé qu'on proposerait la chose à M. Dufrenoy, directeur des études de l'École des Mines. Il répondit : *Qu'est-ce que cela me fait ?* – On lui eût proposé de professer l'ichthyologie, la physique ou la clarinette, il eût répondu : *Qu'est-ce que cela me fait ?* – On lui eût dit : Vous professerez avec M. Elie de Beaumont la croyance au feu central, aux soulèvements ; vous direz que le Chimborazo a 3.000.675.085.599 ans, 5 mois et 3 jours, 6 heures, 11 minutes de moins que le Dawalaghiri ; que l'Himalaïa a mis à s'élever 600.337 ans, 14 jours. – Il eût répondu : *Qu'est-ce que cela me fait !* Mais aussi, c'est que M. Élie de Beaumont protège spécialement M. Dufrenoy, et il ne protège que quiconque jure par les soulèvements.

Donc, comme il était égal à M. Dufrenoy, - qui du reste est un homme plein de connaissances solides, - d'enseigner ce qu'on voudrait, il a remplacé M. Brongniart, si tant est que M. Brongniart soit remplaçable.
Avant chaque leçon, M. Dufrenoy ne manque jamais d'élever les yeux au ciel en s'écriant :

Brongniarde noster, qui es in Surregio, super hano lectionem meam, spiritum tuum expandas ; da mihi resistentiam kaolino-petunsianam adversus contradictores doctrinarum tuarum, doctissimique Elii de Beaumontis. – O Discipuli, mecum adorabis hane sempiternam imaginem scientiarum lapidiscentium, usque ipse per secula seculorum in lapide vertetur.

M. Dufrenoy fait jurer à ses élèves, sur un illustre toupet sous verre depuis bien des années, que le cathédratisant est le plus grand du royaume de France et de Navarre, qu'il n'y a pas son pareil, ni à Monaco, ni aux Gallapagos, ni même au Cap Horn, et que rien n'est plus vrai que la méthode minéralogique de M. Brongniart :opinion que partagent les élèves jusqu'à ce qu'ils aient appris l'*a b c* de la science. Alors ils commencent à douter et M. Dufrenoy de rire dans sa barbe, car il doute aussi très fort et le doute lui plaît.

M. Delafosse

(Fossianus timidissimus, de Linné)

M. Delafosse est le plus savant et le plus consciencieux de nos minéralogistes : c'est le digne élève d'Haüy ; c'est un de ces hommes dont on aime à reconnaître le savoir. Par malheur il est craintif et timoré ; car sans cela, il a en lui tout ce qu'il faut pour asseoir sur des bases solides une science bien neuve encore.

M. Delafosse a été aide de M. Brongniart et cependant il n'est pas Brongniardiste – c'est même sans doute pour cela qu'il ne l'est pas.

Comment a-t-il pu s'accommoder d'un régime qui ne tend à rien moins qu'à rendre prismatiques les circonvolutions cérébrales ?

M. Dumas

(Pretentiosus pretentiosissimus, d'Oken)

Comment se fait-il que M. Dumas qui n'est rien au Jardin et n'a pas d'autre titre que celui de gendre de M. Brongniart, occupe la maison de ce dernier et que lui, roi des chimistes, qui pourrait payer un loyer, écornifle au gouvernement un logement qu'il doit à la munificence de son beau-père.
On dit qu'il guette la première place à vaquer. Il veut avoir le monopole chimique.

Or, qu'est-ce que M. Dumas ? il était il y a quelque vingt ans petit gâte-sauce de l'illustre Thénard, et professait à l'Athénée un cours de chimie auquel assistaient sept à huit auditeurs qui voulaient, en bons chrétiens, faire leur purgatoire ici-bas et gagner des indulgences, car alors M. Dumas s'exprimait avec une négligence, et une difficulté extraordinaires. Il courait toujours après l'expression et ceux qui pariaient pour l'expression perdaient ordinairement leur pari. Il suait, soufflait, haletait et n'en était pas plus éloquent pour cela.

Alors M. Dumas était sur le point de subir une métamorphose. Il travailla avec une telle persévérance qu'il devint en peu d'années un excellent professeur. Sa parole avait acquis de l'élégance ; il était clair, précis, et approchait enfin de la vraie manière de professer.

Mais l'homme est inconstant et se lasse de tout, surtout du bien. M. Dumas quitta bientôt cette méthode d'exposition si simple et si claire. Il se jeta dans le pathos prétentieux, et vogua désormais à pleines voiles sur les eaux du ridicule ; il n'explique rien avec bonhomie, en termes courts et précis. Il pose et pose partout prétentieusement.

M. Dumas est-il prêt à commencer une leçon, il faut que sa toilette soit irréprochable ; un faux pli dans sa culotte ou son gilet, une cravate dont le nœud serait fait sans grâce le mettraient au désespoir, et lui ôteraient tout son talent. Il interroge sa glace et cherche surtout à voir si ses cheveux sont artistement rangés, et si son front – et il en a beaucoup – est bien découvert. Tout académicien a l'amour-propre de croire qu'il possède l'angle normal, c'est-à-dire un front large, haut, se rapprochant le plus possible de 90 degrés. Ce qui est un signe de génie, et qui aurait du génie…si ce n'est un académicien ?

Une fois content de sa personne M. Dumas monte en chaire, et là, sa main blanche gracieusement étendue, avec un de ces gestes indicibles qui sont propres à un académicien, il débite dans le langage que vous savez, une foule de choses plus ou moins scientifiques, et les auditeurs sortent enchantés d'avoir entendu une savante improvisation musicale qui ne leur a rien appris.

C'est du Berlioz tout pur ; il imite ce compositeur qui fait exécuter en *la* mineur par un orchestre de soixante mille porteurs d'eau, le binôme de Newton ou un passage de la table des logarithmes. Ainsi il calcule combien d'oxygène consume un puceron dans l'espace de deux heures, et quelle viciation produisent, dans le milieu respirable, 17 millions de hannetons et 3 cicindèles ; il apprend à ses auditeurs qui se luxent le maxillaire inférieur d'ébaubissement, combien il faudrait de fois l'accumulation de la force qui chasse le sang dans l'artère crurale d'un cochon d'Inde pour mouvoir une locomotive traînant 22 wagons, ou bien quelle somme de force dépense un conducteur d'omnibus pour crier *complet*. C'est du Paganini ; on imite sur le violon de la science le trombone, la clarinette, les chiens qui jappent, les femmes qui se disputent, enfin tout excepté le violon.

M. Dumas veut absolument faire du positif, asseoir sur des bases solides une science dont l'avenir est inconnu, mais dans laquelle tout encore est obscurité ; et qui n'existe pour ainsi dire pas, excepté dans la partie de laboratoire. Ceux qui savent à quoi s'en tenir sur ces affirmations hasardées sont toutefois obligés de faire l'éloge de son imagination.

Ce professeur a inventé la théorie des substitutions, charmante découverte qui lui a valu de la gloire et des quolibets ; en s'attachant aux grands noms, M. Dumas a cru qu'il acquerrait de la célébrité ; il a raison, l'illustre savant est sur le chemin qui conduit droit au temple…des Funambules.

Chapitre 9

Géologie

M. Cordier

(Diplomaticus, de Gray)

Élève de l'école des Mines, où il s'est distingué par une exactitude militaire, de l'ordre, de la tenue, du calme dans les manières, M. Cordier, a été attaché à l'expédition d'Égypte, et n'y a rien vu, sinon que quelques pyramides sont plus larges à la base qu'au sommet. On prétend qu'il a fait un mémoire sur ce sujet ; mais je n'ai rien trouvé de lui dans les travaux de l'expédition.

Il s'est allié à la famille de M. Ramond, savant aussi estimable que profond, écrivain élégant et poli, mêlant une sage et douce philosophie à ses récits scientifiques, ce qui lui valut une disgrâce, à une époque où l'indépendance était une cause de disgrâce.

M. Cordier est devenu le doyen du Jardin-des-Plantes depuis la mort de Geoffroy père, et là, étranger aux intrigues de ses collègues, il reste chez lui, sans jamais se mêler à leurs éternelles discussions.

On lui connaît trois places qui lui valent 25.000 francs : il est professeur au Jardin du Roi, inspecteur des mines, membre du conseil d'État, et de plus pair de France ! Il a accepté la pairie, bien que cela ne lui rapporte rien ; mais il faut un peu de dévouement dans ce monde.

Ce savant a du travail pour au moins 66 heures par jour, mais les journées, hélas ! n'ont que 24 heures, et ce n'est pas sa faute. Aussi s'occupe-t-il doucement de ses petites fonctions, et nous n'avons jamais entendu dire qu'il se soit foulé la rate, ce qui eût été un grave accident.

Ses cours sont froids et ennuyeux ; car M. Cordier parle mal et ne sait jeter aucune fleur sur ses leçons, qui prêtent à l'aridité, ce n'est pas l'embarras.

Il annonce depuis plus de vingt-cinq ans une classification des roches qu'il a tirée de son cerveau ; il en a plusieurs fois été question ; mais on l'attend encore.

La géologie, comme chacun sait, est devenue le texte d'une foule de théories passablement biscornues, de sorte qu'aujourd'hui, où l'on fait de la science plus avec son imagination qu'avec l'expérience, deux géologues ne peuvent plus se regarder sans rire, et il y a de quoi. M. Cordier a, disent les mauvaises langues, (chose que je livre en secret au public) ramassé jadis dans un travail de Deluc, l'idée du feu central : bonne trouvaille, ma foi ! s'emparant donc de cette théorie, il l'a limée, polie, fourbie, embellie, arrangée, rafistolée, rabibochée, requinquée, retapée et débitée comme une idée venant de son crû, ce qui lui a fait grand honneur et ne lui a pas coûté cher.

Deluc a réclamé son feu central. –Bah ! votre feu central lui a répondu Diplomaticus, je ne l'ai pas vu, cherchez-le ; j'en ai bien un, mais ce n'est pas le vôtre. –Mais si.- Mais non. –Mais encore !

Enfin M. Cordier a gardé le feu central, et faisons tous des vœux pour qu'il ne s'éteigne pas, car nous aurions l'onglée.

Dans sa jeunesse, M. Cordier aimable, sémillant, joli garçon, passait pour un infatigable ami de la plus belle moitié du genre humain : - ce qui lui valut un mémoire, très sérieux ma foi ! le nom assez significatif de *il dotto amico delle donne*.

Allez voir aujourd'hui cet admirateur des cours d'amour, lui qui a commis plus d'un sirvente ou d'un tenson, lui qui aurait pu se faire le commentateur des *aresta amorum* de Benoît Curtius

Symphorien : les honneurs l'absorbent tout entier ; ses hauts et savants travaux législatifs ont gravé sur son front soucieux mainte ride profonde comme une caverne à ossements, comme un cratère de volcan. Son teint s'est coloré comme les bords d'une solfatare, et le pays ne sait pas tout cela ! Le pays, l'ingrat pays s'est permis de trouver que tant de tribulations ne valent pas un si grand nombre de places lucratives. Ô France ! avoue que tu te comportes mal envers ceux qui pour te plaire acceptent toutes les places à donner, tous les traitements à empocher, quelques gros qu'ils soient.

Aussi pourquoi M. Cordier n'est-il pas plus affable, plus abordable, plus populaire ? On ne lui demande pas de s'aller jeter au cou du dernier des gogos qui assistent à ses cours. Ils le mériteraient pourtant bien ces honnêtes auditeurs dont les plus assidus ont gagné à l'entendre un pouce de calcaire grossier autour des hémisphères cérébraux. Et puis l'affabilité, la bienveillance coûtent bien peu et font aimer à la fois la science et celui qui l'enseigne.

M. D'Orbigny

(Lexicographus Cordierinus, de Cuvier)

Ce M. d'Orbigny n'est pas le voyageur : c'est son frère et ils se ressemblent peu. L'un est grand, il est petit ; noir, il est blond ; l'un s'appelle Alcide, l'autre Charles.

Depuis une huitaine d'années M. Charles d'Orbigny édite un dictionnaire d'histoire naturelle.

On peut dire de ce livre qu'il aura 10 volumes, paraît tous les 15 jours, et que les rédacteurs en chef sont : un ancien marchand de rubans, un imprimeur, et un scribe, dont la devise est, *virtus et scientia post nummos*. Quant à lui, M. d'Orbigny, on peut dire qu'il a donné à ces gens là des verges pour le fouetter, de ce dont ils ont usé et abusé.

*****

Il est à regretter pour M. d'Orbigny que de fausses spéculations aient amené la ruine de cette entreprise qui aurait pu être une œuvre utile ; mais sa position subordonnée a, dès le principe, faussé le plan de ce livre dans lequel on trouve une bigarrure de pensées et d'opinions qui en détruisent toute l'unité. Commencé par un cadre gigantesque, il a sans cesse rétréci son plan primitif, et aujourd'hui qu'il est entre les mains d'entrepreneurs étrangers à la science, il perd toute valeur scientifique. Il est bien au-dessous du dictionnaire classique de M. Bory de Saint-Vincent, et même au-dessous du dictionnaire pittoresque. Il n'est pas une seule branche de la science dans laquelle il règne de l'unité. Tous les systèmes, sont en présence, sans accord, sans suite ; ce n'est pas même un catalogue scientifique. C'est une réunion d'articles quelconques dont l'ensemble est loin de représenter la science au dix-neuvième siècle.

Chargé de la coordination et de la révision des articles de ce livre pendant cinq ans, rédacteur de plusieurs centaines d'articles[4], je connais le vice radical de cette publication dont je me propose de faire une critique sérieuse, tendant à démontrer l'inconvénient de collaborateurs autocrates travaillant sans plan ni guides et l'insuffisance d'un livre de science sans unité.

Ce livre, tel qu'il est, ne servira ni aux savants, ni aux étudiants, ni aux gens du monde ; c'est un malheur à déplorer, car il y avait des éléments pour faire un ouvrage utile, et il y a été versé trois fois plus de capitaux qu'il n'en fallait pour faire mieux. Mais à une époque d'argent on a voulu faire une affaire d'argent et le côté utile de l'entreprise a cédé devant la cupidité des spéculateurs. (Frédéric Gérard)

---

[4] Je compte reprendre tous les travaux que j'ai publiés dans ce dictionnaire et qui n'ont pas été signés de moi ; en y ajoutant quelques articles, ils composeront une histoire de la science, depuis les temps les plus reculés jusqu'à nos jours, et des éléments de philosophie naturelle.

M. Raulin

(Dolichotrichus grypheus, de Prevost)

Grand, mince, sec, froid, souriant cependant quelquefois quand on lui parle, M. Raulin est un homme laborieux qui n'a que deux travers : il croit à l'âge relatif des montagnes, hypothèses qui rentre dans la quadrature du cercle, le sucre d'orge en caoutchouc et le mouvement perpétuel ; mais ce qui le perd c'est le Gryphée virgule[5], pour lequel il professe l'amour le plus profond. Il a juré que son premier enfant s'appellerait Gryphoeus, si c'est un garçon, et Gryphea, si c'est une fille.

M. Raulin arrive de Candie dont il a fait la carte géologique ; travail qu'il a dû faire consciencieusement ; les Candiotes reconnaissants lui ont demandé de ses cheveux lors de son départ ; il leur en a donné trois : un a été déposé au muséum du pays, l'autre sur le mont Ida, et le troisième attaché à la perruque du gouverneur de l'île.

M. Pissis

(Polytechnicus geodesiacus, de Buffon)

L'école Polytechnique forme des mathématiciens, des géographes, des ingénieurs, des artilleurs, des officiers d'état-major, mais il n'en est guère sorti de Laplace, de Delambre, de Kepler, de Newton. Les élèves de cette école sont fort instruits dans toutes les choses qu'on y enseigne, mais rarement ils vont au-delà, et se montrent novateurs.

M. Pissis est un homme très instruit et surtout de première force en géodésie. En géologie, c'est un géologue à terrains qui connaît les rapports des groupes les uns aux autres. Il sait par exemple que

---

[5]   Espèce de coquille fossile voisine des huîtres.

l'oolite est inférieure au groupe portlandien.

On l'a envoyé en Colombie pour y faire de la géodésie, et ses travaux présenteront évidemment beaucoup d'intérêt.

*****

Au laboratoire de géologie se rattachent des employés de toute sorte qui comptent, frottent, fourbissent des cailloux de tous les coins du monde, et font des étiquettes à 30 centimes l'heure. Peut-être y a-t-il un Werner ou un Breislack parmi ces infortunés. Ils ont le tort de n'avoir pour protecteur ni pair de France, ni député, ni gros bonnet, et quand ces pauvres diables auront quarante ans, ils seront victimes du phénomène que les géologues appellent le métamorphisme ; c'est à dire qu'ils appartiendront à M. Laurillard qui ne les reconnaissant pas, en fera quelque genre nouveau parmi les quadrumanes ou les insectivores –vu qu'il ne veut pas avouer qu'il y ait des fossiles, dût-on lui en présenter un en garde national : il s'écriera que c'est une illusion des sens, et en fera plutôt un bec-figue antédiluvien qu'un homme. Après tout, gagner 30 centimes l'heure et se fossiliser par-dessus le marché, voilà certes un avantage dont tout le monde n'est pas appelé à jouir.

Botanique

De toutes les branches de l'histoire naturelle, la botanique est celle qui réunit le plus de charmes et qui soit réellement à la portée des hommes de toutes les conditions. Les végétaux pressés à la surface du globe et aussi variés que le sont les stations et milieux, offrent à l'œil du promeneur, un objet incessant d'étude. Les champs, les prés, les bois, les murs ruinés, les revers des fossés, etc., se couvrent chaque année d'une riche récolte, et cette variété est si féconde, si luxuriante, charme l'observateur attentif.

Pour l'ami de la nature, la botanique a des charmes refusés à la zoologie. Vous cueillez une plante, vous en déchirez la corolle pour pénétrer le mystère de la fécondation, et la plante quoique lacérée par le canif du botaniste, a conservé sa beauté et sa fraîcheur. Par de cris, pas de sang, pas de ces convulsions avant-courrières de la mort. Tout est innocent dans ce plaisir qui ne coûte aucun regret, n'arrache aucun soupir.

La dépouille du végétal conserve parfois encore une apparence de vie et l'herbier ne ressemble jamais à un charnier.

Le micrographe peut étudier ces formes mystérieuses sans que son odorat soit péniblement affecté, que ses aiguilles acérées divisent des tissus ayant appartenu à des êtres qui ont été doués de sensations : et quel vaste champ s'ouvre pour lui ; car dans cette partie de la science, tout est inconnu.

Vient ensuite l'histoire des propriétés de toutes sortes, des végétaux cultivés ou à l'état sauvage qui croissent dans nos champs.

Enfin, l'intérêt que présente cette science si multiple dans ses phases, en fait la plus utile et la plus agréable des connaissances humaines.

Dans quel état est la botanique ?

La physiologie générale, hérissée de théories qui n'enseignent rien que des idées creuses, est un des points capitaux de l'histoire de la vie intime des végétaux. Elle aide à faire la philosophie de la botanique et jette sur la méthode les lumières les plus fécondes en résultats ; mais M. Gaudichaud qui s'est posé en représentant habile d'une donnée riche en déductions intéressantes, est combattu par M. de Mirbel qui n'a pour lui que l'autorité de son nom ; et dans cette lutte, qui ne touche qu'un seul point de la science, les autres botanistes se taisent, afin de ne pas condamner un confrère.

Les autres points de cette belle branche de la science sont enveloppés d'obscurité : la cellule primitive, la cyclose et la cellulose, la circulation du latex, la structure et les fonctions des vaisseaux des divers noms, la forme des grains de pollen, leur mode de déhiscence, la génération de la graine, les stomates et leurs fonctions, sont autant de questions obscures et qui resteront telles pendant longtemps ; car on ne se préoccupe pas des moyens de faire marcher cette science.

Chacun fait son lambeau de théorie sans le coudre avec les théories voisines ; delà, la plus affreuse confusion.

La philosophie de la science est riche de deux faits qu'on a plus hautement préconisés qu'ils ne le méritent : je veux parler de la métamorphose et de la phyllotaxie. La première révèle un seul fait et n'apprend rien, quant au résultat définitif, c'est que la feuille est l'élément générateur de toutes les parties du végétal. De là la belle théorie du carpelle. Ce sont des mots et rien que des mots. Il est un point intéressant à connaître ; mais qui ne va pas plus loin que son énoncé, et la présentation de Goethe se bornait là : c'est que la feuille ou l'expansion lamelleuse est le dernier mot de la perfection végétale, et que c'est cette même feuille qui, en se colorant, forme les pétales ; en se roulant, les étamines, le style, les loges renfermant les ovules, etc. Qu'est-ce que cela apprend et quelle application faire de cette donnée, à laquelle on peut cependant encore opposer des objections ? Elle a une valeur purement philosophique, elle montre partout l'unité de composition élémentaire avec variabilité dans le jeu des formes ;

mais c'est justement ce qu'on ne fait pas, on veut en déduire des conséquences pratiques, ce qui est essentiellement erroné. Cette donnée a servi à créer des dénominations par milliers sans que les botanistes s'arrêtent.

La phyllotaxie est dans le même cas : la disposition spirale des feuilles, idée déjà exposée par Goethe d'une manière lumineuse, est un fait souvent obscur, rempli d'exceptions ; mais néanmoins c'est un fait. En faire une branche de la science est une monomanie dangereuse. Ce sont des généralisations stériles et non des idées synthétiques. Il n'en sort pas plus que de la supputation des grains de sable de la mer.

La théorie du verticille rentre dans la même manie : c'est l'abus des bonnes choses ; l'idée de Goethe est celle d'un homme à vues larges et puissantes, l'application qui en a été faite est pâle et étriquée, sans couleur et sans avenir.

Que manque-t-il à cette science ? De la méthode dans l'étude des questions de tous les ordres : il faudrait que l'anatomie et la physiologie fussent étudiées dans toute la série pour arriver à des résultats utiles ; mais une observation isolée, quelque bonne qu'elle soit, n'a de valeur qu'autant qu'elle a fait corps avec l'ensemble de la science.

L'organographie, qui rentre dans les attributions du professeur de méthodologie, est composée de mots difficiles à retenir et assez nombreux pour former un vocabulaire considérable. On a comme à dessein rendu cette partie de la science d'une aridité déplorable. Une description devrait se borner à la caractéristique des différences, et encore ne faut-il pas avoir égard à certaines variations de forme purement accidentelles et à certaines particularités de structure dont la détermination est oiseuse, puisqu'elle n'a rien de fixe ; tels sont les divers degrés de villosité définis rigoureusement, les formes géométriques des parties les plus insignifiantes, les détails de coloration, les longueurs relatives, les inclinaisons, etc. Toutes choses qui augmentent inutilement une description. Et certes, rien de plus rebutant que ces descriptions quand elles sont faites surtout dans une langue dont l'intelligence est difficile.

La méthodologie est plus confuse encore. Dans cette partie de la botanique, rien n'est fixe, rien n'est rigoureux ; ce sont partout des incertitudes, des doutes, trahis par la divergence d'opinion entre les botanistes. Les noms se multiplient, ils envahissent la science, et l'aridité et l'obscurité prennent la place de la clarté et de l'intérêt. Qu'on soit donc convaincu qu'en botanique comme en zoologie, il n'y a que des groupes généraux : ceux-là seuls sont à la disposition de notre intelligence, les autres nous échappent parce qu'ils ne sont que des variations capricieuses des types, et pourtant combien de tentatives oiseuses pour classer en séries linéaires ces familles nombreuses dont les divisions sans fin comprennent plus de noms qu'il n'en faudrait pour connaître tous ceux des végétaux du globe.

Pourquoi toujours diviser et sectionner, pourquoi créer comme à l'envi des genres méconnaissables et des espèces qui le sont plus encore ? Gloriole, vanité, occupations frivoles, sans éclat pour leur auteur et sans profit pour la science. Quel sera le Linné qui viendra détruire cet édifice monstrueux pour en créer un sage, simple et plus conforme en rapports naturels !

La botanique rurale si attrayante et qui pourrait être si riche en leçons ; elle, qui devrait embrasser l'ensemble de la nature végétale, marquer les rapports inconnus, les connexions si souvent surprenantes, initier à l'étude large et philosophique des organismes, se traîne dans une triste ornière et se borne à l'étude de quelques individualités.

On peut se demander aussi pourquoi l'étude de la botanique se scinde, se morcelle, et ne comprend pas la phanérogamie et la cryptogamie. Ces végétaux microscopiques aux formes rudimentaires, sont autant de jalons qui apprendront graduellement, mais par vastes groupes, à s'élever jusqu'aux êtres complexes : c'est de la *botanique comparative*, et elle n'existe pas, cette science si riche en faits nouveaux. Pourtant quel est l'homme qui pourra se dire botaniste s'il ne connaît les végétaux de tous les degrés de l'échelle ?

La botanique agricole est une branche purement pratique de la science : cependant si nous jetons les yeux sur le plan des cours actuels, ils sont théoriques et rien n'en découle. On cherche à appuyer sur des faits encore incompris et sur des données de science spéculative, des applications matérielles, ce qui enlève à ces cours tout intérêt. On peut se demander quels progrès ont surgi de la publication de l'ouvrage de Lindley, sur l'application à l'horticulture de la physiologie végétale ? Rien, absolument rien. Que résulte-t-il des belles théories de la nutrition des végétaux et des quantités de carbone fixées pour chaque espèce dans telles ou telles conditions, rien que des travaux scientifiques, ingénieux, mais sans application. Les premiers cours n'étaient pas faits ainsi. Ils étaient entièrement consacrés à la pratique, et les idées théoriques ou de science pure lui étaient subordonnées.

Il en faudra revenir aux ouvrages si riches en observations profondes de Tournefort, de Linné, de Ludwig, de L. de Jussieu, d'Adanson, de Lamarck qui contiennent toute la science, et ont indiqué la route à suivre pour rester dans la voie de la vérité. Quant aux études élémentaires, Rousseau et Poiret en apprendront plus que les traités les plus en réputation. Les descriptions trouveront dans Persoon le modèle à étudier pour être rigoureux et laconique à la fois. (Frédéric Gérard)

Chapitre 10

Botanique

M. Brongniart

(Phytologus patrophobus, de Linné)

Profondément incliné devant la majesté de son père, Phytologus n'oserait pas avoir une pensée sans l'autorisation de son papa, et l'on sait que le papa ne permet pas à tout le monde de penser, surtout à ses enfants. Aussi, Phytologus en a-t-il perdu l'habitude. Sec, froid, pincé, guindé, jamais il ne s'abandonne ; la science l'absorbe, quoiqu'il n'en fasse pas abus. Il a promis, depuis tantôt vingt ans, de livrer sous trois mois la botanique du voyage de M. Duperrey, et l'éditeur est mort en l'attendant.

M. A. Brongniart est un des professeurs qui s'expriment avec le plus d'épaisseur et de difficulté. On prétend que cet embarras lui vient d'un accident arrivé dans son enfance. Les journaux du temps racontent que ce jeune homme de si haute espérance était tombé dans un tonneau de mélasse et il n'a jamais pu s'en débarrasser à fond. – Le sensuel !

Ce savant botaniste fossiliographe affectionne un mot qui jure avec les traditions de la famille : c'est le mot *indépendamment*. Il le répète à chaque instant, et dans une de ses leçons, indépendante cependant de toute chose, on l'a compté 1.127 fois.

Il lui a pris fantaisie de ranger (lisez déranger), l'école de botanique. Tout y est neuf et imprévu. Les botanistes en sont furieux et l'accablent des épithètes les plus séditieuses. Son travail a causé la mort à 21 d'entre ces honnêtes phytolâtres.

En effet, il est difficile de rendre plus méconnaissable un jardin de botanique.

Certains mauvais plaisants prétendent y avoir remarqué en blanc et pour mémoire, la famille des *Brongniardiées* composée de rien du tout et qui attend quelque végétal de la Chine ou de la Cochinchine pour en faire un genre qui s'appellera : *Adolphiana Brongniardina*, et formera la base de cet édifice respectable.

C'est cette année que brillera ce nouveau dérangement. Ombre de Desfontaines gémis ! Une main sauvage a détruit ce que tu avais édifié.

Du reste, on croit que ce vandalisme a eu lieu avec l'autorisation du papa.

Le Botaniste et les deux Brongniart

On raconte qu'un jour le papa Brongniart ayant été content de son fils Adolphe, lui avait permis de l'accompagner dans une promenade. C'était à Meudon ; la verdure luxuriante attirait les herborisateurs, et le célèbre professeur de botanique flânait innocemment, tenant son papa par le pan de son habit, de peur de le perdre ou de se perdre.

Au détour d'une allée, ils rencontrent un homme.
-Cet homme lisait…Et quoi ! le nouvel ouvrage de M. Adolphe Brongniart sur le déclassement de l'école de botanique. Le perspicace professeur s'en aperçoit et fait signe à son père.
-Papa, dit-il, ce gaillard se nourrit de mon livre.
Le père sourit et se dit : sobriété d'anachorète !
-Peut-être, continue Adolphe, est-ce le seul mortel qui ait, après moi, compris ce livre profond.
-Il faut lui en savoir gré, répond le papa : faisons-lui politesse.
-Oh ! s'écrie Adolphe, ce mortel est sans doute aimé des dieux…Si nous l'invitions à dîner ?

-Taisez-vous, dit le père et laissez-moi parler.

Le grave minéralogiste déposa alors son ton rocailleux et prismatique ; il abattit tous ses angles et s'approchant du liseur il lui dit :

-Heureux ! trois fois heureux ! celui qui s'éclaire au flambeau de la science !

-C'est vrai, répond le liseur.

-Mais plus heureux encore celui qui s'éclaire au flambeau de la science des Brongniart.

-Ah ! le promeneur sourit.

-Que cet homme est profond, s'exclama Adolphe.

-Vous cultivez la plus aimable science dans le meilleur des livres, reprit le minéralogiste en prenant une pose rhomboedrique, pendant que son fils se posait prismatiquement.

-Ho ! Hé ! Hi ! Ha ! Ouf !

-Monsieur, veut-il nous faire l'honneur de partager notre modeste repas ?

-Mais, Monsieur, trop d'honneur ! répond l'étranger en souriant.

On part et l'on arrive à Sèvres. On dîne : le repas fut guindé. M. Adolphe ne proféra qu'une parole et ce fut : *indépendamment*. Cette échappée lui valut un coup de pied paternel sur l'arête du tibia, ce qui n'empêcha pas le professeur de couver des yeux avec amour le généreux mortel qui lisait son déclassement de l'école de botanique.

Quant au dîneur, il ne parla pas et mangea comme quatre.

Lorsque le dîner fut fini, il se tourna vers l'amphitrion et lui demanda à quoi il devait l'honneur de cette invitation.

-Au livre que vous lisiez, répondit vivement M. A. Brongniart.

-Quoi ! à ce méchant bouquin !

M.A. Brongniart s'empourpra : le papa reprit ses arêtes anguleuses et redevint dodécaédrique :

-Quoi ! comment !

-Oui, Messieurs, je trouve cet ouvrage détestable et je ne le lisais qu'afin de voir jusqu'où pouvait s'élever l'esprit humain…dans ses folichonneries.

-Mais, malheureux ! nous sommes des Brongniart !

-Ma foi, reprit le dîneur en prenant son chapeau, tant pis pour vous ! – Et il partit.

Le banquet

Beaucoup de nos lecteurs ignorent –ce qu'ils ont de commun avec Paul Niquet, Debureau, Abd-el-Kader et Abd-ul-Medjid- que l'Académie des sciences était naguère divisée en deux factions : les Aragotistes et les Brongniardistes. –C'était une répétition en petit des Guelfes et des Gibelins. Quand les deux chefs se rencontraient, ils se lançaient un regard foudroyant : du haut de sa taille majestueuse le sultan de l'observatoire lorgnait avec dédain le prismatique minéralogiste et celui-ci se hérissait quand il se trouvait sous l'œil du grand Jupin.

Une place était-elle vacante ?…les candidats s'appuyaient de celui-ci ou de l'autre, et la balance penchait tantôt pour le premier, tantôt pour le second. Dans ces moments critiques, M. Brongniart manquait toutes ses cuites, cassait tous ses pots, criait, tempêtait et donnait la jaunisse à ses enfants. Son rival ternissait tous les oculaires de ses lunettes et les étoiles cessaient de scintiller quand il les regardait.

Pourtant tout le monde en souffrait. Cette division mettait à chaque élection l'Institut en combustion : les Aragotistes et les Brongniardistes s'agitaient et faisaient manœuvrer leurs soldats comme des bons-hommes de plomb.

Un jour M. Brongniart-Petunzé alla voir M. Arago et lui dit :

-Illustre soleil dont les rayons m'éblouissent, je viens m'éborgner un instant à ta lumière et te demander pourquoi tu m'en veux. Je suis fatigué de voir que tu ne peux me voir sans avoir l'air de voir que je ne suis pas bon à voir. Je te viens tendre la main ; je serai pour toi chaud comme un four à réverbères ; je me vitrifierai sous tes rayons héliaques ; quand tu voudras, je mettrai ton portrait sur tous les pots à eau, cuvettes, coquemars, etc., qui sortiront de mes mains. Je serai ton galet, ton caillou roulé ; mais embrassons-nous, liguons-nous, réunissons-nous !

L'illustre astronome scintilla d'une manière extraordinaire et rayonna ces paroles :

-On ne donne rien pour rien ; or je présuppose que tu me vendras notre réconciliation. –Combien ?

-Oh ! sagace mathématico-astronomico-physico-géologue, pas cher ! –Il manque un vice-président à ton académie : Ordonne à tes soldats de donner leur voix à mon petit Adolphe. Cet enfant est gentil et t'adore comme son père. Il te dédiera la première bûche fossile qu'*on* découvrira. Je dis *on*, parce qu'il n'en découvre pas lui-même. Vois l'avantage qui en résultera : nous pourrons dire alors : l'Institut, c'est nous !

L'astronome abaissa ses sourcils sur ses yeux et se prit à réfléchir à la proposition, absolument comme s'il se fut agi de découvrir quelque loi nouvelle sur la marche des comètes, sur les nébuleuses, ou d'enfanter un cyanomètre.

-Au fond, pensa-t-il, quel risque cours-je ? Adolphe Brongniart sera un satellite de plus que j'attirerai ou repousserai à volonté : je puis consentir à l'offre du papa.

Il releva donc ses épais sourcils, et regarda si amoureusement M. Brongniart que celui-ci s'allait vitrifiant, si l'illustre astronome n'eut détourné la vue. Il daigna tendre lui-même sa main et tonna ces paroles sublimes : *concedo* ; mais à une condition : c'est que vous serez tous obéissants comme des épagneuls ou sinon, je vous fondrai comme vieux métal de cloche.
-Oh ! quant à ça, je réponds de moi et de mon fils Adolphe : cet enfant sera doux comme un morceau d'asbeste flexible et moi subtranslucide comme de la…
-Halte-là ! Pourquoi, s'il vous plaît, subtranslucide, et pas translucide tout-à-fait ?
M. Brongniart hésita…puis il finit par dire : soit ! translucidissime !

Le savant secrétaire embrassa son rival et il fut convenu que les deux armées banquetteraient à l'occasion.

Le pacte convenu, les deux soleils se dardèrent de quelques rayons et se séparèrent.

L'élection de M. A. Brongniart eut lieu et le fauteuil de la vice-présidence poussa un cri plaintif lorsque le savant botaniste-fossile se posa dessus.

Quand il parut la première fois devant le public, il ressemblait à un *pimiento* d'*India*. Son papa s'était caché sous le bureau, tremblant au moment où son fils ouvrirait la bouche. Enfin il commença à parler et son premier mot fut comme toujours : *indépendamment*. Le papa s'évanouit ; M. Arago fronça le sourcil, M. Dumas rétablit sa cravate, M. Flourens sourit et le public rit. – L'orateur s'enfuit.

Cependant il était vice-président et les deux puissances étaient réconciliées.

Un banquet eut lieu chez M. Brongniart-Petunzé. Il fut gai ; l'illustre astronome fit neuf calembourgs : un mathématique où il joua agréablement sur le mot *coefficient* ; trois astronomiques sur *nébuleuse, chevelure, satellites* ; un physique, sur le mot *cyanomètre*, et quatre géologiques, tels que *tremblement, soulèvement, dislocation, alluvion.*

L'amphytrion riait aux larmes.

A la fin du repas, le nouveau vice-président adressa le discours suivant à son patron, en manière de toast :

« *Indépendamment* de la gratitude que je vous ai vouée ; *indépendamment* de mon entier dévouement à votre illustre personne, je dois à mon cœur de déclarer que je n'ai jamais éprouvé pour vous que respect et affection, *indépendamment* du reste. »

On applaudit à ce discours, indépendamment de ce qu'on dit en secret, et un bal suivit. Tout le monde y dansa, mais à huis clos, et les échos répandirent le bruit que le savant astronome s'était permis une légère polka avec une célèbre géologiste.

Aujourd'hui l'Institut est clos pour quiconque n'aura pas pour patron le rédacteur en chef de l'Annuaire du bureau des Longitudes, ou le grand porcelainier de la Manufacture de Sèvres.

Je sais bien qui ne fera jamais partie de l'Institut !

M. Tulasne

(Cryptogamus, de Cuvier)

Je ne me permettrai pas de jouer sur le nom de M. Tuslane et de chercher de quelle nature pourraient être ses rapports avec ceux qui l'entourent. J'aime à croire que jamais il ne se rendra coupable de l'énormité que semble indiquer son nom.

M. Tulasne aime les cryptogames. Qu'il les cultive donc avec amour : qu'il ne sorte jamais des champignons, des lichens, des mousses. Qu'il devienne plutôt conserve que de s'abandonner à l'influence onomatique.

Torrequemada (Tour brûlée) fut, dit-on, un féroce inquisiteur à cause de son nom qui le portait à aimer à brûler les hérétiques. – Que M. Tulasne lise en se couchant l'influence des noms sur les actions des hommes ; et quand une mauvaise pensée le prendra, qu'il abaisse son bonnet de coton sur ses yeux et s'endorme.

M. Guillemin

(Ankylosus capnophilus, de Lacépède)

Bon botaniste, bon garçon, bon vivant, feu Guillemin fit de la science comme il fumait une pipe, buvait une choppe, aimait sa *camarera mayor*. C'était un homme raisonnable, né à une mauvaise époque.

M. A de Jussieu

(Capnophagus Pipacculottans, de Linné ; Micropsis macrorhinus, de Buffon)

Quel est cet homme grand, sec, qui se promène les mains dans les poches, la pipe à la bouche, profondément plongé dans un état de béatitude non réfléchissante et qui paraît doué d'une activité nonchalante qui le condamne au repos ?

-C'est un botaniste ; c'est l'illustre descendant de Laurent de Jussieu.
-A quoi pense-t-il ?…
-La belle demande ! Il ne pense à rien.
-Pourquoi cela ?
-Parce que penser fatigue et qu'il aime mieux ne pas se fatiguer.

-Et la botanique ?

-Inepte question ! Apprenez que M. Adrien de Jussieu boit de la bière, et chante des airs de vaudeville dont il sait tant et plus. N'est-ce pas assez pour gagner 5.000 francs ?

-Je le croyais professeur de botanique rurale ?...

-Il l'a été autrefois ; mais il a bien d'autres pipes à culotter ! Écoutez : M. de Jussieu aurait pu être un botaniste habile ; mais il a un nom qui le dispense de s'occuper de cette science. Il a fait toutefois un traité de botanique élémentaire qui désapprend la botanique à ceux qui la savent – tant ce traité est profond !

Pendant l'été, M. de Jussieu va se promener une douzaine de fois, quand il fait beau, avec de jeunes herboristes. Arrivé dans le tracé, où l'année précédente l'illustre botaniste avait mis le pied, il se laisse doucement couler sur l'herbe, se met à l'ombre de son nez et dit : « Il y a ici des plantes curieuses à glaner. » -Alors la folle et insouciante jeunesse s'envole comme une bande de pigeons et tandis qu'elle trotinaille et butinaille, le professeur toujours à l'ombre de son nez, rit dans sa barbe, baille et s'endort.

Quand les herboristes reviennent chacun avec son butin, -c'est à qui prendra le plus et d'aucuns s'en chargent à nourrir un âne – ils secouent par la manche le professeur qui se réveille en sursaut et s'écrie : le dîner est-il prêt ?...

-Il ne s'agit pas de cela, Monsieur, quelle est, je vous prie, cette plante ?...

-Ah ! ce n'est que ça ! mon ami !

Là-dessus au lieu de répondre, il discutaille espèce avec M. Decaisne, M. Maire et autre savants parisiens –immortelle légion de flâneurs qui dévastent les champs, les prés, les bois, boivent du vin à six et mangent de la gibelotte sous prétexte de botaniser.

Quand on a bien devisé, les jeunes gens se séparent et s'en vont à pied. Le professeur, lui, prend une voiture.

Et voilà comment M. A. de Jussieu enseigne la botanique.

M. Decaisne

(Frigidus frigidulus, de Linné)

Ancien jardinier de l'établissement, M. Decaisne s'est élevé par son travail à la place qu'il occupe aujourd'hui ; mais il a pris au sérieux la science qu'on lui a enseignée et il est arrivé à écrire avec une rare habileté le jargon scientifique qui compose le langage du savant moderne.

M. Decaisne excelle surtout dans l'art d'écrire les végétaux de manière à les rendre méconnaissables ; du reste, ce n'est pas sa faute ; c'est celle de son époque ; seulement il devrait être plus convaincu qu'il n'y a pas de quoi être fier de posséder cet affreux grimoire.

M. Decaisne a les qualités requises pour arriver à l'Institut et s'asseoir auprès des botanistes. Il marche constamment accompagné d'une valise de cuir qui a le volume d'un sac de nuit : on le croit toujours sur le point de partir en voyage ; mais on se trompe : cette énorme valise renferme des cigares dont il n'offre à personne.

Quelquefois, dans les herborisations où il brille au premier rang, il couvre ses mains de gants qui empêchent tout contact entre lui et le règne végétal, l'ingrat !

M. de Mirbel

(Phytophysiologus, de Linné)

M. de Mirbel est un homme d'esprit qui a une position honnête et qui la garde. Il a passé sa vie scientifique à se promener à grands pas sur une surface d'un millimètre carré, et il a fait de l'anatomie végétale aussi bien que qui que ce soit, à part sa théorie de l'accroissement qui laisse beaucoup à désirer et qu'il défend avec la férocité d'un cannibale. Par malheur, cette science n'est pas bien avancée, mais qu'y faire ? ce ne sera plus lui qui la fera marcher d'un pas.

J'ai souvent entendu demander pourquoi M. de Mirbel est professeur de culture, lui qui n'est pas agriculteur, et qui serait bien embarrassé de donner un conseil à un paysan de Bagnolet. Jamais on n'y a répondu autrement que par : PARCE QUE ! Comme cette explication s'applique à tout le Jardin du Roi, j'ai dû me déclarer satisfait.

Au demeurant, M. de Mirbel est un galant homme qui s'est conduit avec honneur à l'époque de nos réactions de 1815, et l'on doit en considération de sa vie passé, lui pardonner d'être professeur de culture et de s'occuper de la structure de la tige de palmier. Une seule recommandation à lui faire, c'est de ne pas tronçonner tous les palmiers du Bileduldjerid, ce qui ferait renchérir les dattes.

Depuis la conquête de l'Afrique, M. de Mirbel se croit autorisé à traiter ses subordonnés en pacha à sept queues ; il les rudoie, coudoie, et comme Pollion faisait de ses esclaves, il les jetterait aux lamproies s'il en avait, mais il n'a que des poissons rouges.

Quels titres a-t-il donc pour être si fort autocrate ?

M. Spach

(Coptophytus semper dicidans, de Lacépède)

Monsieur Spachhhh est l'aide-naturaliste de M. de Mirbel ; il connaît fort bien les végétaux phanérogames, en sait les noms et les synonymes, s'est farci la mémoire de tout ce que la nomenclature botanique a de plus hérissé et de plus difficile. M. Spach sait faire une analyse ; mais entraîné par le courant, ses descriptions sont à faire pâlir M. Gay, qui ne passe pas un poil, pas un pli, une strie. Tout en compté, dénommé, même néologisé et de là l'habitude si douce de créer des noms et de faire des genres. –

Emporté par cette terrible monomanie, M. Spach croirait se manquer à lui-même et de plus voler son argent, si chaque matin, avant déjeuner, avant même d'avoir ôté son bonnet de coton, il n'avait pas créé deux genres nouveaux, trois sous-genres et six espèces. Il se propose de publier un mémoire sur la nécessité où l'on est de donner des noms distincts aux deux sexes des végétaux dioïques. Passe, dit-il, pour les monoïques et encore pourrait-on donner au nom une terminaison masculine quand on parle du mâle, féminine quand on parle de la femelle, et neutre en parlant des deux. Prenons, par exemple, le *corylus* (noisettier). Nous appellerons le mâle : *corylus*, la femelle, *coryla* et les deux : *corylum*.

M.Spach est pourtant botaniste, mais de cette botanique qui dégoûte de la science.

Une classification

A l'heure où dans le vaste jardin animaux et professeurs sont plongés dans le sommeil, M. Spach arrive en nage de la rue de l'Estrapade.

Le malheureux s'est tellement pressé, qu'il a perdu en courant un pan de sa redingote ; son gilet est veuf d'une foule de boutons.

La sentinelle, voyant un homme dans cet état, veut lui interdire l'entrée du jardin. – M. Spach s'élance, féroce, sur la sentinelle, l'enfonce dans sa guérite et court chez M. de Mirbel. Il monte l'escalier avec la même précipitation, bouscule, écrase tout ce qui s'oppose à son passage, et entre sans être annoncé dans la chambre du maître.

-Spach, qu'as-tu ? qu'as-tu ?…
-Cé qué ché afé ? (*moderato*).
-Oui, mon ami…
-Cé qué ché afé ? (*animoso*)
-Oui, mon ami…
-Cé qué ché afé ? (*furioso*)
-Comment veux-tu que je devine…As-tu perdu ta femme ?…
-Bli soufant !
-Ton chien ?
-Bli soufant !
-Ton parapluie ?
-Bli soufant !
-Eh bien ! parle !

Spach s'assied et quand il a repris son haleine, redressé son chapeau, rajusté son gilet, remonté ses bas ; qu'il s'est mouché, essuyé, il s'écrie de l'air d'un floriste parisien qui a découvert tout seul l'*Exacum Candollei* et s'estime plus heureux que Colomb découvrant l'Amérique, qu'Archimède trouvant le problème de la couronne, etc., etc.

-Ché avé vait ine dou bétite tégouverde…Ché avé glassé les garottes.
-Quoi ! tu as classé les carottes !
-Foni ! et engore une glassivication soiniée !
-Conte-moi ça !
-Foici : Ché mé bromenais tans les champs et ché révlégissais à la podanique. Foilà qué j'abersois dé garottes et ché mé tis : Goman ! tant de potanistes sélèpres n'ont-ils bas aberçu que ces garottes bassent par tivers édats afant t'arrifer au put ternié té leur fie ! et goman n'ont d'ils ba tonné tes noms à jagun te ces édats ! Goman ! fichtre ! les béti et les gros garottes s'abèlent douchours garottes ! Le brocédé il est pête. Ché mé ti

tonc : Spachhh, mon béti mignon, toi zeul, il èdre gapable té vaire zela. Or, foici ce que ché avre vait :

Les béti garottes pien cheùnes et choli, afec leur bétite quée, toive s'abeler, *Daucus juvenilis.*

Les crosses garottes pien totues, *Daucus crassus.*

Les garottes gonsidérées tans leur état d'isolement, *Daucus solitarius.*

Les garottes arragées par le culdivadeur, *Daucus separatus.*

Les garottes misse en potte, *Daucus agregatus.*

Les garottes tont la fruidière il a goubé le dède, *Daucus decollatus.*

Guand la bétite lécume il est mise en fente, *Daucus venalis.*

Guand la guisinière il brendre les garottes et les mettre dans son banier, *Daucus incarceratus.*

Guand il dire les garottes de son banier pour les mèdre en réserfe, *Daucus liberatus.*

Guand il brand le garotte et s'abrêde à le mèdre tans le bot, *Daucus condemnatus.*

Guand il lé mèdre dans le bot et le vand en gadre, *Daucus quadripartitus.*

Mais s'il s'achit de vaire in béfe à la mode et de le gonber en bétis ronds, *Daucus circumscissus seu rotundatus.*

Guand il èdre guite et brêt à serfir, *Daucus coctus.*

Ché bas parler tes *Dauctus ustus,* pour goloré le pouillon, des *Daucus masticatus, ingurgitatus, chylificatus,* etc., etc., mais ché médrai in peu té réserfe tans cesi, barcéqué, les garottes teviennent un beu blus tificiles à garactérisé tans cet édat et beufent être gonvontus afec audre jose.

-Ecoute, ami, ta classification est fort ingénieuse, et les amateurs de botanique vont t'élever des statues. Mais il y a dans ton affaire une énorme lacune : tu as oublié une foule de carottes…

Ainsi, par exemple, quand un souverain désire obtenir la voix d'un député influent, et lui dit : *Mon très cher !* –Carotte !

-Ce èdre le *Daucus regius.*

-Et celle du républicain en réputation, chef de club, meneur de coterie, qui dit à un chiffonnier : *Citoyen !*

-Oh ! cele-là èdre le *Daucus popularius.*

Quand après une émeute qui a coûté la vie à tant d'idiots de tous les partis, on placarde dans les rues des affiches portant en tête : *Brave garde nationale !*

-Ché gonessé ce bétite garotte ; ce èdre le *Daucus pseudomilitaris.*

-Quand un commandité dit à un commanditaire : *Vous avez dans les affaires un tact sûr et fin !*

-Ché abelé cé garotte *Daucus gogotinorum.*

-Quand un savant qui espère arriver à l'Institut va trouver un académicien et lui dit : *Je compte sur votre puissante influence*, et que cet académicien n'est rien qu'académicien. –Carotte !

-Ce èdre le *Daucus academicus.*

-Très bien ! Quand un homme qui a besoin d'un ami, lui dit en lui touchant la main : *Au nom de notre vieille amitié !* –Carotte !

-Ce èdre le *Daucus flouophilios*.

-Oui, mais comment appelleras-tu cette carotte que la femme tire à son mari quand elle veut des bijoux, des cachemires et qu'elle lui dit : *Mon bibi*.

-Bas tificile ! Daucus conjugalis.

-Et puis les mots gloire, honneur, amitié, amour, fidélité, ne sont-ils pas souvent autant de carottes !

-Foui ! chan fais une dribu de la vamille des *ambelliférées-pseudo-daucinées*, que j'abelé *Daucus socialis*.

-Bravo ! Spach, mon ami. Cette distinction indique une subtilité d'esprit vraiment extraordinaire. Comment ! as-tu pu, seul…

-Foui ! sel et dou sel !

-Permets que je te contemple !

-Bas pésoin de de bermission.

-Oh ! mon Dieu ! que tu es barbouillé !

-Ché grois pien. Il ne pas bléfoir tépuis pli te huit chours.

-Va ! va ! mon fils. La gloire va couronner ton front radieux !

-A brobos, bour gombléter ma bétite infention, ché tonné un noufeau nom à la garotte, barcégué ché drouvé le nom de Daucus, filaine, bolissonne et immoral.

-En quoi, mon Dieu ! ce nom peut-il te déplaire ?…

-En goi ! Fou bas teviné ?…

-Ma foi non !

-(*A part*) Fiju pète ! (*Haut*) Le ternier silape est crossier et brète à tés éguivoques.

-Quel nom as-tu donc créé ?…

-Pieu choli !

M. Spach tire de sa poche un rouleau de papier :

MICROMACROGLUCOXANTHOERYTHROLEUCORHIZOS.

-Ce nom est un peu long…

-Foui, mé il abréné le grec au béti enfan et il tire pien que ce êdre un racine bétit ou crosse, chaune ou rouche et sugrée…ba moyen te ba le regonaître !

-Et tu te proposes de publier cette nouvelle idée ?…

-Pien sûr, ché le médré tans mon éticion Roret tes véchédaux Vancrokame.

M. de Mirbel sourit – M. Spach s'incline et sort. Fier de son invention, il

M. Gaudichaud

(Physiologicus botanicus, de Linné)

M. Gaudichaud est botaniste, et à part quelques petits travers propres à une époque où l'on a perdu le sentiment des idées générales ; il est botaniste intelligent.

En perfectionnant la théorie de Lahire, il a rendu à la science un grand service ; et le malheur veut que la fausse physiologie végétale, la physiologie d'Arlequin, -empruntée à tous les botanistes français et étrangers, et recousue, rabibochée, ressemelée, remontée, retapée, reficelée, fanfreluchée, par MM. les professeurs – soit celle qui trône dans le sanctuaire.

Pourquoi toutes les théories n'ont-elles pas voix haute dans les chaires et ne sont-elles pas développées en public, contradictoirement à celle des professeurs, afin qu'on en juge ?…Il est un malheur déplorable pour la science, c'est que les hommes, qui comme M. Gaudichaud, ont quelque chose dans l'esprit, soient obligés de suivre la route battue, sous peine d'encourir l'indignation des illustres nullités.

Chapitre 11

Serres

M. Neumann

(Corpulentulus scrassiventris, de Jussieu)

M. Houlet

(Horticulus affabilis, de Hodgs)

Sous ces énormes cloches de verre poussent et végètent comme champignons deux hommes –non compris les jardiniers.

1° M. Neumann, à côté de qui le Baobab le plus gigantesque n'est qu'une faible graminée ; aussi dit-il avec un juste orgueil : Le bananier des serres, c'est moi ! c'est moi le ravenala, c'est moi le pandanus, le latanier, le cocotier, etc. Au demeurant, c'est un fort brave homme ; mais comme chacun a sa nababie, il nababise, puisque nabab il y a.

2° M. Houlet, quoique beaucoup moins corpulent que M. Neumann n'en est pas moins un jardinier instruit, intelligent et d'une politesse gracieuse qui lui attire peut-être quelque semonce. Mais qu'il ne se corrige pas de ce défaut.

École de Botanique

M. Pepin

(Phytophilus Brongniardinianus, de F. Cuvier)

Le jardinier en chef qui a été obligé de déclasser l'école de botanique sous les ordres de Phytologus (M. Brongniart) est M. Pépin. Il est très affable et connaît la botanique pratique en homme habitué à vivre au milieu des végétaux.

Arboriculture

M. Camuzet

(Macilentulus sociabilis, de Lamarck)

M. Camuzet a été mis par erreur à la tête de l'école d'arboriculture : ce serait un excellent viniculteur. Il est membre de plusieurs sociétés où il brille par sa féconde et son esprit naturel ; mais il lui manque le brevet de la société œnophile. M. Camuzet connaît du reste fort bien son affaire et est dans les bons principes.

Taille des arbres

M. D'Albret

(Dendrocoptus probissimus, de Lacépède)

Honnête, intelligent, plein d'une bienveillance inépuisable, M. d'Albret méritait mieux que les dégoûts qui l'ont forcé à se retirer : il en a été abreuvé, parce qu'il offusquait et qu'on avait besoin de son expulsion. Son traité *de la Taille des Arbres* est un des plus excellents guides à suivre. C'est un ouvrage écrit avec la connaissance et le talent d'un homme pratique.

Zoologie

La zoologie est loin d'être, comme la botanique, divisée en trois départements seulement. Il y en a sept, ce qui veut malheureusement dire sept modes d'enseignements, sept pensées, et le tout, pour des auditeurs qui sont à peu près les mêmes.

On retrouve dans l'enseignement des tendances assez opposées pour jeter le trouble dans l'esprit des élèves les plus fervents, et pourtant que de hautes questions à traiter dans ces cours qui embrassent l'ensemble des corps organisés. On demanderait à trouver dans le premier cours, celui d'anatomie comparative, le prodrome des sciences de l'organisation. Il n'en est rien : le professeur a ses doctrines, ses théories, sa langue, qui diffèrent des théories et de la langue du professeur de physiologie, etc.

Suit-on le cours d'anthropologie, ce sont encore des idées nouvelles, des dénominations nouvelles, et chacun présente ses idées comme l'idéal de la science, comme la vérité absolue dans chaque ordre de pensée.

Le cours de mammologie et d'ornithologie est évidemment le mieux fait. Si le professeur ne dit pas tout ce qu'on pourrait dire dans une chaire indépendante, ce sont au moins des idées saines clairement exposées ; mais toujours sans lien avec les généralités anatomiques et physiologiques de ses collègues ; car le professeur a aussi sa méthode et son idéal.

Les deux autres ordres de vertébrés sont représentés par un homme dont l'esprit est précis et qui a fait preuve d'une puissance analytique très remarquable dans ses éléments de zoologie ; mais où est le lieu, où sont les comparaisons heureuses, les rapprochements qui montrent les connexions avec les autres êtres de la série des vertébrés. Quelles lumières générales peut-on tirer de ces données partielles sur des particularités de structure individuelle, si on ne les rattache à l'ensemble des êtres ? Pourtant rien de tout cela n'a lieu. Il est question dans ce cours de reptiles et de poissons considérés plutôt méthodiquement que zoologiquement.

Les invertébrés, dont les êtres les plus élevés, les articulés, présentent des faits si intéressants comme structure, mœurs, rapports réciproques, et qui ne sont sans doute qu'un rameau parallèle du réseau des vertébrés, sont encore étudiés seuls, et cette étude ne s'élève pas jusqu'à des considérations comparatives. C'est un district isolé dont on étudie la topographie sans s'inquiéter des connexions que présentent les accidents du sol avec les districts voisins. Dans cette partie de la science les noms se pressent et se multiplient barbares, incohérents. Mais c'est que comme la botanique elle est accessible aux intelligences de tous les ordres. On chasse aux lépidoptères et aux diptères comme on recueille des plantes, on les pique sur du liège, comme on dessèche les végétaux dans un herbier, et cette science, envahie de toutes parts par des hommes qui ne sont pas naturalistes, en est aujourd'hui à l'état de science de collection et de méthode ; il n'y a aucune différence entre un entomologiste et un numismate ou tout autre collecteur d'antiquités, qui collige et amasse sans attacher d'autre sens à sa collection que de la grouper par âge ou par similitude. Pour les amateurs de faits qui cachent souvent sous ce nom leur impuissance de mieux faire, l'entomologiste est une science de prédilection. Mais qu'est-ce que des faits sans lien, sans doctrine ? C'est de la géologie comme en font les géologues de terrain, de la zoologie comme en font les conchyliologistes, de la botanique comme en font les herboristes.

Pourquoi n'y a-t-il pas également un cours d'entomologie rurale ? pourquoi n'est il jamais question de la connexion des insectes avec les végétaux ? Linné avait pourtant ouvert la voie : car il a composé une flore entomologique.

Pourquoi, puisque nous avons un cours de culture, qui enseigne les usages économiques des végétaux, n'y a-t-il pas un cours d'entomologie appliquée, indiquant le parti qu'on doit tirer des insectes utiles, les nouvelles acquisitions à faire dans cette classe si féconde en produits de toutes sortes, surtout sétifères, et les moyens de détruire les insectes nuisibles, avec l'histoire de leurs ruses et de leur puissance à nuire. L'agriculture, l'horticulture, l'art forestier, les conservateurs et les préparateurs de substances animales ou végétales, sont également intéressés à connaître les moyens de se délivrer de ces ennemis insaisissables par leur petitesse et par leur genre de vie. Le cultivateur et l'horticulteur, confondent dans leur haine l'insecte carnassier avec le phytophage. La coccinelle et le puceron sont pour lui deux parasites également redoutables. Or, quelle partie du cours d'entomologie répond à ce besoin ; aucun.

Il en est de même des autres branches de la zoologie : pourtant la zoologie appliquée est appelée à rendre de grands services et quel établissement est plus que celui du Muséum d'histoire naturelle, à même de propager les innovations heureuses ! Il est donc également nécessaire de consacrer dans chaque cours un certain nombre de leçons à la zoologie appliquée. Mais où fait-on de la mammologie appliquée ? Avec des connaissances plus étendues, nos législateurs n'eussent pas fait une loi de la chasse, honteuse pour les représentants d'un pays civilisé : le dernier garde-champêtre eut fait mille fois mieux.

L'erpétologie intéresse moins sous le rapport utilitaire ; mais dans l'économie de la nature ces êtres jouent un grand rôle et les formes se modifient suivant que les ressources alimentaires y pullulent ou en disparaissent. Des considérations sur le rôle de ces vertébrés, chéloniens, sauriens, ophidiens, batraciens, dans l'économie générale, méritent bien quelques leçons. Là, rien que des formes, toujours des formes, plus de mœurs, plus d'utilité, plus d'études générales. L'ichtyologie semble sous le rapport de l'utilité avoir échappé au domaine de l'homme. On va chercher ou l'on attend le poisson ; mais on ne propage pas les espèces avantageuses. Favorise-t-on l'empoissonnement des fleuves, des rivières, des lacs, des étangs ? non, ce sont toujours des espèces du même pays ; mais jamais des transplantations. Le poisson meurt où il est né ; et à part la dorade qui ne sert à rien ; jamais le poisson du midi n'est importé dans le nord et réciproquement. Pourquoi, par exemple, depuis tantôt cinquante ans que les silures ont disparu de l'Alsace ne les y a-t-on pas réimportés ? Il y réussiraient cependant parfaitement. L'ichtyologie joue un rôle assez important dans l'alimentation générale pour mériter plus d'attention.

Les mollusques et les zoophytes sont enseignés dans le même esprit : c'est un calcul précis de formes géométriques, de spires, de figures de charnières, d'impressions musculaires, d'ambulacres, etc., cependant cette partie du règne animal est peut-être, plus importante encore pour la philosophie de la science que les vertébrés et l'on y peut chercher le mystère de bien des faits communs.

Il reste à désirer qu'une chaire de zoologie générale résume et relie toutes ces données, sous une même pensée et qu'à côté d'elle, ou plus haut encore, se trouve une chaire bien difficile à remplir : celle de *philosophie naturelle*. Mais où trouver un Lamarck, un Geoffroy qui puisse tout résumer et qui ose tout dire ? (Frédéric Gérard)

Chapitre 12

Anatomie générale

M. de Blainville

(Anatomicus erinaceus, de Linné)

M. de Blainville est bourru, arbitraire et de mauvaise humeur même lorsqu'il est le plus gai. D'un caractère misanthropique, il se met en travers de toutes les issues, parce qu'il est l'ennemi de l'univers entier. Il passe sa vie seul avec un perroquet, un chien et une gouvernante, qui s'efforcent vainement d'imiter leur patron.

M. de Blainville est savant, très savant même, et il le sait ; mais il ne veut pas se donner la peine d'écrire, et son style lâche, diffus, incohérent se ressent de sa négligence. Il travaille quinze heures par jour sans jamais communiquer avec ses préparateurs, et il correspond par lettre avec eux.

Jamais on ne le voit dans le jardin ni dans les cours, ni dans les salles. Il est toujours chez lui et est resté plus de deux années sans aller à l'administration. Il a déserté l'Institut par boutade et il a fallu une haute intervention pour le décider à y retourner.

Son caractère l'a fait surnommer le *sanglier* et lui-même approuve cette dénomination ; il en est même très fier. Mais tout n'est pas rose dans le métier de misanthrope, et si l'humeur atrabilaire procure des charmes à M. de Blainville, elle lui a causé aussi quelques désagréments.

Pour donner une idée de l'esprit tolérant d'*Erinaceus*, je citerai un seul trait entre mille. Il existe dans la galerie de géologie un grès d'Hildburghausen, portant des empreintes de pas de mammifères. Or, Erinaceus y a cru voir des végétaux et il soutient *mordicus* que ce sont des végétaux.

Tout le monde y reconnaît des empreintes animales et cet ichnolithe est connu partout comme tel. –Cependant la terreur qu'inspire le maître est telle que dans son laboratoire on dit en parlant du grès d'Hilburghausen : *Les empreintes végétales.* S'il plaisait à *Erinaceus* de marcher sur les traces de Cyrano de Bergerac, il faudrait qu'on crut à ses rêveries et à ses folles idées.

Ceux qui sont désireux de connaître les produits les plus excentriques du savant professeur, peuvent recourir à son mémoire sur les évents des cétacés, à ses trois volumes de diatribes contre la philosophie, les philosophes et les penseurs, faits en collaboration avec l'abbé Maupied et à son ostéographie.

Tout calcul fait, la misanthropie rapporte à M. de Blainville vingt mille francs par an et le logement.

M. Gratiolet

(Gratioletus graciosus, de Pennant)

Le choix fait par M. de Blainville de M. Gratiolet est un acte qui fait honneur à ce professeur. Ce jeune suppléant est fort instruit, professe bien et paraît dans une bonne voie. Mais gare le professorat ! Si M. Gratiolet s'élève jusque là, il lui faudra une fameuse tête pour ne pas avoir le vertige et ne pas déserter la science pour devenir député, pair de France, etc. –Qu'il reste fidèle à la science ; et si sa vanité n'y trouve pas autant de satisfaction, sa conscience en goûtera davantage. Qu'il ne perde jamais de vue que le savant a une mission semblable à celle du prêtre, et qu'il est chargé, lui, d'enseigner la vérité.

M. Desmarets

(Timidus timidissimus, de Geoffroy Saint-Hilaire)

M. Desmarets est un bon et excellent garçon qui mérite l'intérêt et l'affection de ceux qui le connaissent ; mais qui, par faiblesse, se mêle à de petits tripotages qu'il devrait fuir. –Qu'il prenne exemple sur son père, savant, modeste, et laborieux dont les disciples ont conservé le souvenir.

Physiologie générale

M. Flourens

(Garancianus academicus, d'Arago)

Les uns ont dit trop de mal à M. Flourens, et, à en croire les journaux du temps, lors de son entrée à l'Académie, rien n'était plus monstrueux que son admission. On lui imputait à crime ses expériences sur la coloration des os de poulet par la garance, et l'on s'étonnait d'une aussi haute fortune fondée sur des titres si minces.

D'autres en ont dit trop de bien : à les entendre, M. Flourens est le premier anatomiste, le premier physiologiste, le premier chimiste, le premier expérimentateur, observateur, disséqueur, analyseur, synthétiseur, etc.

Pour qui connaît l'Académie des Sciences, l'esprit qui la dirige, les vanités ambitieuses et jalouses qui en hérissent l'entrée comme autant de chevaux de frise, l'admission de M. Flourens n'a rien qui doive surprendre, et de part et d'autre les jugements sont faux.

Les doctes du bureau ont été enchantés de se flanquer d'un

homme qui ne peut leur porter ombrage ; or, voici pour tout savant la loi immuable et éternelle qui règle sa conduite : étouffer, comprimer, repousser, déprimer, écorcher tout homme qui, par l'indépendance de son esprit ou la portée de ses lumières, tendrait à les effacer.

L'Académie des Sciences, comme toutes les académies du monde, est un capharnaüm scientifique où l'on parlaille, discutaille, criaille, péroraille, argumentaille, intrigotaille, scientificaille –le tout pour avoir l'air de faire quelque chose le lundi- innocente occupation avant de boire, -et pour obtenir son jeton de présence.

Pour deux heures d'ennui, ce jeton représente la journée de dix menuisiers, de quinze maçons, de trente couturières, et la paie que la libéralité gouvernementale accorde à cinq cent soldats pour aller s'ébattre aux champs et se donner de la joie.

Or, M. Flourens ne pouvait porter ombrage à aucun de ces messieurs. Tout ce qu'il sait, tout ce qu'il fait, il le fait et il le fait doucement, gentiment, poliment, affablement. S'il n'est pas homme de haute science, il est homme d'esprit et en sait assez pour baragouiner la langue du lieu. Ses travaux, sans être transcendants, contiennent parfois de bonnes choses, et le seul tort qu'il ait eu c'est d'avoir abandonné l'école de Geoffroy, la seule dans laquelle il soit raisonnablement possible de faire des progrès, - pour embrasser l'école de Cuvier, propre à lapidifier les cerveaux les plus vivaces.

Au demeurant, les griefs contre M. Flourens ne sont pas graves ; s'il sait assez de science pour être à l'Institut, il sait assez de français pour se faire comprendre de l'Académie des quarante. Certes, il n'en faut pas long en littérature, il ne faut pas avoir écrit *Malborough*, ni le roi *Dagobert*, ni même *La Palisse*, sorti pourtant d'une plume académique, pour siffloter en présence d'un public nombreux et choisi, -richement enculotté, enjuponné, empanaché, - un petit discours sur ceci et sur cela, en réponse à tel ou tel docte homme qui a écrit sur cela et sur ceci. L'Académie française, en ses jours solennels, couronnant les lauréats et devisant sur maintes choses, ressemble à un troupeau de paons faisant la roue avec trépidation, pour attirer les regards des badauds des deux sexes.

Il n'est pas sans mérite l'homme qui, d'un œil, froid se condamne à être le secrétaire perpétuel d'une Académie ; à voir, -sans rire-, -distribuer les prix de vertu avec le choix que vous savez, et récompenser en gros sous des actions qui trouvent leur salaire dans l'intention qui les a dictées.

Il faut avoir de la vertu pour entendre lire les pompeux éloges qui chaque année exercent le génie des prétendants aux *lauriers d'Apollon* ! C'est ainsi que l'Académie a proposé l'éloge de Marie Alacoque, de Robert d'Arbrissel, de Gaultier Garguille, de Gros Gorju et autres personnages célèbres et inoffensifs.

Il faut avoir de la vertu pour entendre les poètes et les poètesses lire leurs élucubrations ; mais une justice à rendre à l'Académie, c'est qu'elle couronne toujours les sujets les mieux choisis et les plus innocents : *Eloge du sucre d'Orge* ; *Elégie sur la mort subite d'une pipe culottée* ; *Poème dithyrambique sur l'invention des clous d'épingles*, et autres sujets moraux qui valent à leurs auteurs les sourires des belles auditrices, les applaudissements des gogos et les bâillements des hommes d'esprit.

Or, M. Flourens, contre lequel la coterie adverse a tant crié, et que ses amis ont chaudement préconisé jusqu'à lui nuire, -tant l'amitié est aveugle !- M. Flourens, disons-nous, écoute tout cela, lit tout cela, s'ennuie à tout cela ; et certes s'il ne mérite pas le prix de vertu, il mérite au moins le prix de patience. Il est pourtant un point faible en lui, c'est son cours, qui n'a pas le mérite d'une grande originalité. La faute, du reste, en est aux emplois lucratifs, honorifiques, etc., qui écrasent le professeur sous le poids de visites faites et rendues, de réponses, de réceptions, de rapports, de commissions, de collations et de digestions. —On ne saurait tout être et tout faire à la fois !

M. Duméril

(Erpetilius garancianus, de Cuvier)

M. Duméril II est le fils de M. Dumeril 1er. Il assiste M. Flourens dans ses cours, et s'il enseigne peu, il profite peu. Jamais son patron n'aura lieu d'être jaloux de lui ; car il est trop honnête homme pour lui faire concurrence en quoi que ce soit.

*****

Au laboratoire de M. Flourens se rattachent deux autres personnes qui n'ont d'autre avantage que de contempler le soleil face à face.

Anthropologie

M. Serres

(Anatomicus philosophus, de Geoffroy)

M. Serres considéré comme anatomiste, est un homme d'une haute portée ; et à part quelques idées théoriques peut-être hasardées, il a rendu à la science d'éminents services. C'est un savant qui n'a pas vu dans l'anatomie rien que de l'anatomie, mais qui a compris qu'on en peut tirer quelque chose de plus.

Ce mérite lui fait trouver grâce devant nous, l'anatomiste sauve l'homme, le savant protège le médecin. M. Serres doit donc à la science une reconnaissance éternelle.

M. Jacquart

(Necrophagus, de Serres)

Gros garçon, piocheur infatigable qui a dévoré plus de cadavres que le doyen des chacals d'Alger. Il a consacré quatre à cinq années de sa vie à ces fonctions cannibalesques.

M. Doyères

(Girardinus blandus, de Lacépède)

M. Doyères est un excellent garçon qui a jadis appartenu à la faction de *Brongniardini*, mais qui ne pouvait s'accoutumer à ce régime autocratico-sibérique. M. Doyères s'est enrôlé à la *Presse* : Il y fait de bons articles ; mais qu'il prenne garde ! Il parle bien favorablement des illustres. –Qu'il évite de faire dire de lui : *Asinus asin...*Epithète qu'il ne pourrait pas prendre pour lui ; mais le monde est si méchant !

M. Sénéchal

M. Sénéchal nous rappelle involontairement Jean de Paris. Il excellerait à répéter ces paroles sublimes : Que l'on serve le dîner !

Ce qui est peu pour un anatomiste-anthropologiste et organigéniste.

Mammalogie et Ornithologie

M. Geoffroy de Saint-Hilaire

(Teratologus, de Serres)

Né avec un esprit droit et juste, une grande probité ; et, à travers une froideur qui tient à sa timidité, beaucoup de bienveillance, M. Isidore Geoffroy a fait des travaux sérieux empreints d'une sage critique et d'une bonne philosophie.

Avec moins d'imagination que son père, Teratologus a plus de tenue dans l'esprit et de suite dans les idées. Il n'a pris qu'un côté des théories de Transcendentalus, et il en a tiré bon parti. Pour oser aborder les travaux de son père, il fallait une tête dans laquelle l'imagination donnât le bras à la philosophie, et Teratologus est trop grave et trop froid pour cela. Son père embrassait le monde ; le fils n'a pris qu'un point de la science. Il y aurait injustice à le critiquer ; car il vaut mieux que ses collègues et mérite une autre place qu'à côté d'eux. Toutefois, il a eu le tort d'accepter les fonctions d'inspecteur des études, ce qui l'empêche de rendre à la science les services qu'elle a le droit d'attendre de lui.

M. Florent Prévost

(Microsoma, de Buffon)

Les aide-naturalistes méritent certes des égards, lorsqu'ils sont comme M. Florent Prévost, appliqués à remplir les devoirs que leur imposent leurs fonctions.

M. Florent, préparateur de M. Isidore Geoffroy, rend plus de services que les candidats qui se sont présentés, et dont les noms sont déjà connus dans la science. M. Geoffroy a eu raison de préférer M. Florent qui lui a été fort utile, à des ambitions qui l'eussent entravé chaque pas.

Que ces hommes soient placés d'une manière convenable à leurs talents, rien de mieux ; mais il est dû une récompense à ceux qui ont laborieusement consacré leur vie à des travaux utiles, et M. Florent Prévost est dans ce cas.

M. Pucheran

(!!?!?!?!)

Aide-préparateur de M. Isidore Geoffroy Saint-Hilaire et neveu de M. Serres.

Erpétologie et Ichtyologie

M. Duméril

(Erpetilius probus, de Gray)

M. Duméril est un grand, sec, à cheveux blancs, excellent homme, affable, un peu entêté, instruit, passant –disent les méchantes langues- pour naturaliste parmi les médecins, et pour médecin parmi les naturalistes.

Il fait un cours de pathologie à l'École de médecine, et là il peut se livrer à son goût prononcé pour la mimique. Parle-t-il d'un malade qui a la colique, il roule les yeux comme un possédé, fait mille contorsions, tire la langue, pousse des cris ; enfin, s'il avait là un clyso-pompe, je ne sais où il s'arrêterait, tant il aime à joindre le geste à l'expression.

Au Jardin il a sous sa direction les goujons, les poissons rouges, les boas, les crotales –administrés fort peu obéissants de leur nature- et c'est lui qui enseigne ces deux derniers ordres de la division des vertébrés.

Il commence son cours en septembre, à l'époque où le raisin mûr appelle les Parisiens, c'est-à-dire au moment où il ne peut plus avoir d'auditeurs ; et, pendant quarante jours, il débite avec sa bonhomie ordinaire, devant un auditoire le même pour le fonds, (c'est-à-dire le garçon du laboratoire, M. Bibron, un ou deux étrangers et quelques passants attirés par la curiosité)- ce qu'il a dit l'année précédente, textuellement la même chose, ainsi que le faisait le père Desfontaines. S'il a souri à tel passage, l'année précédente, il sourira cette année à la même époque, à la même heure, et dans dix ans il sourira encore.

Ne vous figurez pas cependant que son cours soit toujours glacé. En parlant de reptiles et de batraciens le goût de la mimique reprend le dessus, et pendant une demi-heure M. Duméril se livre à mille évolutions plus ou moins innocentes et reptiliennes. Il sautille comme une grenouille, imite le mouvement rapide de la vipère ; l'œil fixe, la langue toujours convulsivement agitée, il se roule sur lui-même comme le boa, reproduit ses étreintes ; joignez à ces gestes les cris *de brékéké ! brékéké ! coax ! coax ! de pschi ! pschi ! pschi !* et vous vous croiriez dans une crapaudière ou un trou à serpent.

Cette innocente manie a donné la jaunisse à trois auditeurs de M. Duméril ; ils se sont promis, mais trop tard, de ne jamais étudier une science si perfide. Quant au professeur, il en est quitte pour une extinction de voix, une culotte déchirée et une courbature.

On lui doit la justice de dire que la zoologie analytique qu'il a publiée en 1805, est un chef-d'œuvre d'analyse. C'est le meilleur modèle à suivre dans les travaux de cette sorte. On ne connaît pas assez ce livre qui mériterait les honneurs d'une édition nouvelle.

M. Bibron

(Erpetilioninus, de Gray)

Pourquoi les aides naturalistes valent-ils communément mieux que les professeurs ? –Si je voulais m'amuser aux dépens de mes lecteurs, je leur répondrais : C'est parce que les professeurs valent moins que les aides naturalistes. Mais je suis trop grave pour cela, et je dirai : C'est que les uns ont fait leur chemin, tandis que les autres ont encore à le faire, et rien ne gâte plus un homme qu'une place privilégiée où il exerce, sans contrôle, une science quelconque.

On n'a rien à dire de M. Bibron, qui est un travailleur intelligent et laborieux, sinon qu'il a tort de faire une si longue histoire des reptiles pour le libraire Roret. Il devrait avoir pitié de son éditeur, qui mangera ses manuels avec les suites à Buffon.

M. Guichenot

(Arithmosteorachilepixeus, de Gray)

Ce nom seul (Arithmosteorachilepixeus), indique les fonctions que M. Guichenot remplit au laboratoire de M. Duméril. Il ratisse des os, compte des écailles, des plaques, des vertèbres, etc., etc.

Entomologie

M. Milne Edwards

(Casteropodus quatrefagianus, de Gmelin)

Ce savant a remplacé Audouin, et, comme lui, il s'est rattaché à la famille régnante: M. Brongniart, premier du nom, lui a accordé le *bougeoir*. M. Milne Edwards est Anglais de la tête aux pieds : à le voir, à l'ouïr, on se croirait à Douvres ou à Calais. Il a, dans la prononciation, le sifflement ophidien, qui lui donne l'air d'un *Cockney* qui a étudié à Londres le français d'un ministre protestant qui ne le savait pas.

On se demande quelquefois : Ah ça ! M. Milne Edwards est-il vraiment savant ?…Belle question ! –Interrogez-le sur la chose, et vous verrez qu'il répondra qu'*oui*. Mais il est savant de cette science banale, proclamée telle partout, enseignée partout, prônée partout, qui remplit tous les livres, qui conduit à l'Institut, aux chaires publiques; donne à un savant de la célébrité dans son quartier, près de son portier ou de sa femme de ménage; mais qui ne peut pratiquement et philosophiquement servir à personne. - A lui permis de faire des Éléments de Zoologie; mais il lui est défendu d'aller au-delà. Pourtant, il connaît les crustacés, quoiqu'en dise M. Burmeister, perfide Allemand qui s'amuse à déflorer nos célébrités françaises; -mais il n'est pas entomologiste.

Si vous demandez pourquoi l'on a pris un homme qui n'a pas étudié la partie de la science qu'il est appelé à professer, on vous répondra : *Parce que* ; or, *parce que* signifie : Parce que M. Valenciennes occupe la chaire de conchyliologie, sans connaître les mollusques; parce que M. de Mirbel est professeur de culture, sans connaître la culture, et une foule d'autres *parce que*, tout aussi plausibles, fort en usage dans la république scientifique.

Enfin M. Milne Edwards professe l'entomologie; mais depuis qu'il occupe cette chaire, on croit entendre lire ses savantes leçons à l'usage des élèves de sixième. -Or, il faut avoir une grande force d'esprit et une persévérance aussi opiniâtre que louable, pour s'en tenir, comme il le fait, à l'A B C de la science.

M. Blanchard

(Cricetus elatus, de Pallas)

Ancien aide-naturaliste de M. Audouin, M. Blanchard passa, avec la survivance, à son docte patron, qui le trouva dans une boîte à insectes lorsqu'il prit possession de ses fonctions.

Il cultiva d'abord les orthoptères, et manifesta un amour si profond pour les criquets, que le nom de *Criquet* lui est resté. En effet, M. Blanchard ressemble assez à un acridien, mais il est moins gras. Plus tard il a fait de l'entomologie facile, c'est-à-dire méthodique ; il a Chevrolatisé, Erichsonisé, Percheronisé, Schoenherrisé. Aujourd'hui, il se lance dans les hautes questions de structure et manie la phrase anatomique comme son illustre patron. Il n'a qu'un petit travers, commun aux plus savants: c'est qu'il n'écrit pas le français avec une correction irréprochable: pourtant il vise à l'Académie Française, et a déjà préparé un discours de 751 pages, sur la supériorité zoologique du criquet.

On ne peut reprocher à M. Blanchard une critique trop sévère : il est au contraire très coulant en matière de citations. Il dit par exemple, en parlant des acridiens, que les ravages qu'ils firent dans le Maroc, il y a quelques cent années, furent tels, que les pauvres Marocains allaient chercher, pour se nourrir, les grains d'orge échappés à la mastication des chameaux.

Je me permettrai de demander à M. Blanchard :

1° Comment se fait-il, que dans un temps de disette, les chameaux aient de l'orge quand les hommes n'en ont pas ?

2° Combien faut-il de bouse de chameau pour nourrir un Marocain ?

3° Combien de bouses de chameau y avait-il dans l'empire marocain pour nourrir une population affamée, à trois onces seulement par individu ?

J'aurais bien encore une question à faire...- Quoi donc ?...Je n'ose...ne m'entendez-vous pas ?

M. H Lucas

(Methodicus lenteloquens, de Gray)

M. Lucas est grand, sec, froid, calme, méthodique, propriétaire d'une barbe ignicolore dont il ne se déférait pas à 75 cent. le poil, - bien qu'il ait une affection profonde pour les pièces de 75 cent., malgré la démonétisation qui les menace. Il a eu des déboires à supporter de la part des altesses entomologiques, carcinologiques, arachnidiennes et myriapodiennes, - ce qui ne l'empêche pas d'aimer les articulés de toute sorte. En désespoir de cause, il est parti pour l'Algérie, dont le soleil brûlant ne l'a pas réchauffé : il en est revenu phlegmatique et sec. Toute sa vie est réglée, arrêtée d'avance, et rarement il déroge à ses habitudes régulières. C'est une machine humaine montée une fois pour toutes et qui ne sera arrêtée que par la mort.

L'empereur de la Chine ayant ouï parler de lui, a voulu en faire un mandarin de première classe ; mais il fallait pour cela se mouvoir hors de son cercle ordinaire, et M. Lucas a refusé net, -ce dont l'empereur a été fort contrarié.

On comprend qu'avec un tel caractère et une semblable inflexibilité dans les principes, M. Lucas a dû s'attacher aux crustacés, aux arachnides et myriapodes comme à la mère-patrie. Il croit à cette grande trinité articulée, il croit aux genres de M. Milne Edwards et aux siens, -même à ceux qui ne sont composés d'aucune espèce. Il sait combien l'ensemble des arachnides forme de pattes et d'yeux : il a poussé la patience jusqu'à compter combien il faudrait de scolopendres attachés les uns aux autres, pour aller jusqu'à la lune. Le mémoire qu'il a rédigé sur ce sujet est accompagné de 29 pl. parfaitement gravées, ce qui lui a valu de la part de M. Arago les compliments les plus flatteurs. L'illustre astronome lui a dit : « Monsieur Lucas, vous avez beaucoup « de patience »- M. Lucas s'est incliné, et est sorti sans paraître plus joyeux.

Au demeurant, il a de l'indépendance dans l'esprit ; mais que les articulés lui soient légers !

Adjoints

Au laboratoire d'entomologie se rattache un ancien perruquier, qui, las de faire des barbes et des queues, entomologise sous la direction du savant professeur. Qui sait si ce perruquier ne fera pas la barbe à M. Blanchard et ne tondra pas M. Lucas ? Qui sait si les insectes et les crustacés ne se trouveront pas appréhendés aux cheveux par l'audacieux perruquier ?

Illustre descendant de maître André, pourquoi, avant de vous lancer dans ce labyrinthe plus inextricable qu'une perruque tignassée, plus difficile à démêler qu'une tête polonaise affligée de la plique, n'avez-vous pas lu la lettre de Voltaire à votre illustre aïeul ? *Faites des perruques ! faites des perruques !*

Une découverte

Colomb découvrit l'Amérique ; Vasco de Gama, la route des Indes ; Guttenberg, l'imprimerie ; Schwartz, la poudre ; Robert-Macaire la philanthropie, et l'Académie des Sciences morales et impolitiques, la vertu. Or, tous ces misérables découvreurs et inventeurs ne sont rien, si on les compare à M. Blanchard, le jeune ami de M. Milne Edwards.

Ce jeune homme a découvert sous le manteau du *mya truncata*, non pas un animal nouveau, ce qui serait chose commune ; mais un être bizarre, destiné à former dans la série animale un nouveau règne intermédiaire entre le dindon et le criquet. Il n'a point osé le dessiner, dans la crainte d'effrayer ses lecteurs et ses lectrices ; il n'a pas même osé le regarder, ce qui rend sa découverte bien plus originale.
Or, voici ce qui s'est passé lors de l'entrevue du jeune ami et de l'illustre professeur.

Il était huit heures du matin, le ciel était couvert de nuages : de chaque arbre du Jardin tombaient de grosses gouttes de pluie en manière de rosée, et la poussière des chemins, rendue fluide par l'ouragan de la nuit, s'était convertie en ce que le vulgaire appelle de la crotte.

M. Blanchard était occupé dans son laboratoire à faire la dissection d'un mollusque qu'il devait à l'obligeance de M. Valenciennes.

Chacun sait que M. Valenciennes fréquente beaucoup les mollusques acéphales, lui qui, jeune encore, avait découvert que les grenouilles adultes n'ont pas de queue, -problème dont la solution intéresse l'humanité tout entière et l'économie sociale en particulier.

M. Blanchard ouvrit délicatement avec la pointe de son scalpel le manteau du mollusque, jeta son instrument, poussa un cri d'effroi, et tomba évanoui entre les bras du garçon de salle.

La première émotion passée, il se remit au travail, regarda et n'aperçut rien, se frotta les yeux et aperçut moins, se les refrotta et n'aperçut plus. Il en conclut qu'il venait de faire une découverte. Aussitôt il prit son chapeau, et bravant le ciel brumeux, la rosée des arbres et la poussière liquide, il se rendit chez M. Milne Edwards, son Mécène.

Le grave professeur était alors revêtu d'un simple bonnet de soie ; il reçut son jeune ami avec cette bonté qui les caractérise.

-O mon cher maître, s'écria le jeune ami, je viens de faire une découverte...

-Part à deux ! répondit l'illustre professeur.

-Plus souvent ! pensa M. Blanchard qui s'inclina et promit la part demandée.

-Figurez-vous, Monsieur, que je viens de trouver sous le manteau d'une mye, un petit je ne sais quoi, peu visible à l'œil nu, indéfinissable à la loupe et imperceptible au microscope. Je ne sais pas ce que c'est, et c'est justement parce que je ne sais pas ce que c'est, que je crois que c'est quelque chose...

-C'est grave, répond le savant ; apportez-moi cet être ambigu, et nous l'examinerons ensemble.

M. Blanchard s'éloigna et revint quelques instants après, en portant sur une lame de verre un petit lambeau de tissu animal servant de patrie à l'être incompris qui devait faire la gloire du maître et de l'élève. Le professeur s'empara de l'animal, l'examina attentivement et confirma la découverte de son élève ; mais où placer cet animal ? grand était l'embarras...

-Qu'en ferons-nous ? dit le professeur ; s'asseoira-t-il à côté de l'homme ? ira-t-il bras-dessus, bras-dessous avec le rossignol ? deviendra-t-il le compatriote de la carpe et du goujon, ou bien le relèguerons-nous à l'extrémité de la chaîne des êtres, comme un simple polisson ? Réfléchissons.

Les deux savants s'assirent en face l'un de l'autre, se regardèrent sans rien dire, se frottèrent les yeux et le nez, sans pouvoir en tirer une idée.

–Tout à coup M. Blanchard se lève et dit : ahhhh faisons-en quelque chose !

-C'est bien, répond le savant M. Milne Edwards : mais qu'en ferons-nous ?

-Un règne tout entier, composé de lui tout seul, et jeté entre l'ange et l'homme, entre Dieu et la matière...(Notez que M. Blanchard métaphysicaille, philosophicaille et transcendentalisaille quelquefois.)

L'idée dut trouvée bonne ; on rédigea sur-le-champ un mémoire, et dernièrement l'Institut ouït le récit de cette immense découverte.

L'animal en question était dans une bouteille ; mais si bien clos, si bien empaqueté qu'on ne put jamais l'en tirer. On l'aurait appelé *xenistum Valenciennoei*, et ce nom lui serait demeuré : car le découvreur eut les honneurs de la séance, jusqu'à ce qu'un nommé Guérin, qui nous paraît fort ennemi des gens du lieu, et qui ne manque pourtant pas d'une certaine connaissance de la matière, apprit au public savant que l'animal découvert n'était autre qu'un petit annélide, déjà connu des naturalistes sous le nom de *malacobdelle*, et même décrit et figuré par Muller ; ce dernier l'avait appelé tout simplement *hirudo grossa*.

Nous vous laissons à penser le désappointement du maître et de l'élève. Pourtant il fallut se résigner. Blanchard remit dans sa poche sa bouteille, son animal et sa gloire ; et pour se consoler des vicissitudes de la vie humaine, il alla dîner à vingt-deux sous.

Voyage en Sicile de M. Milne Edwards

Nous ne connaissons pas la flore de nos environs aussi bien que celle de port Jackson, et chaque jour nous apporte des faits nouveaux sur l'existence dans nos contrées d'êtres qu'on n'y avait pas soupçonnés ; mais depuis longtemps nous connaissons les productions de Nouka-Hiva, des Malouines, etc. ; l'Europe nous est mal connue, aussi quand un académicien veut faire un voyage, on l'envoie visiter ceci ou cela. La longueur de l'itinéraire est proportionnée à l'état de sa santé et au degré d'influence dont il jouit.

Voici donc que M. Milne Edwards reçut de son médecin le conseil de s'aller baigner dans les flots dorés du soleil d'Italie. – Mais les voyages coûtent cher. Il lui fallait une mission, et il l'obtint. On l'expédia en Sicile pour étudier les productions de ce charmant pays.

Le premier soin du docte académicien fut de choisir parmi les jeunes savants du Jardin du Roi un compagnon de voyage. M. Milne Edwards prit donc un tambour et un fifre, et courut dans tous les coins et recoins, cherchant un homme qui l'accompagnât.

Au milieu de sa tournée il entend un grand bruit dans une boîte d'aeridiens. Il s'en approche et en voit sortir un corps allongé ; vermiforme, poudreux, et qui se met à courir avec une agilité merveilleuse.

Cette figure, étrange par sa débilité et son état squelettique, se dresse et s'écrie d'une petite voix flûtée et mirlitonienne :
-Me voilà ! me voilà !

Le grave professeur baisse les yeux et reconnaît M. Blanchard. Il le prend par la peau du dos avec le pouce et l'index, le secoue deux ou trois fois en soufflant dessus pour en ôter la poussière, et le met sur ses jambes.

-Que demandes-tu, jeune élève ?...
-A vous suivre, ô mon maître !
-Où ?
-Où ?!
-Où ??
-Où ?!!
-Oui, où ???
-Là où vous allez : Je m'attache à vos pas ; je veux être pour vous un œstre, un curterèbre, un hippoderme, un hippobosque...Je serai votre aphaniptère, votre rhipiptère ; je serai...

-Assez, de par le diable ! Mais quoi ! jeune infortuné, tu veux me suivre ! pourras-tu seulement arriver jusqu'à Pantin ? Ne crains-tu pas quelque dislocation, luxation, torsion, excoriation, etc. ?

-N'ayez point peur, ô mon maître ! Je me ferai donner deux couches de glu marine, et au premier port de mer, je me ferai doubler et cheviller en cuivre…

-Mais si tu meurs, infortuné, ton papa te réclamera, et je ne pourrai même pas lui représenter ta peau !

-Pourquoi pas ? Si je meurs, vous me piquerez avec une grosse épingle dans votre boîte à insectes, en ayant bien soin de mettre une étiquette, de crainte qu'on ne me prenne pour une mante ou un phasma.

-Assez causé, jeune élève, tu me suivras.

M. Blanchard bondit de joie et fit retentir l'une contre l'autre ses deux omoplates, en manière de castagnettes.

M. Milne Edwards pensa alors sérieusement aux projets de voyage.

-Ah ça ! dit-il, nous allons visiter une terre inhospitalière ; il faut nous mettre à l'abri des accidents. Dans cette prévision, il fit confectionner un trousseau considérable, fit emballer force provisions de bouche, et acheta 6,753 grosses épingles à insectes, dont trois de deux pouces et demi, fabriquées à l'intention de son compagnon de voyage.

Il se munit en outre de deux casques à plonger, afin de parcourir la profondeur des mers.

Le tout, emballé, formait, avec les bocaux et objets indispensables à un professeur, vingt-deux caisses très volumineuses.

Quant à M. Blanchard, il fit son paquet dans une boîte à cigares, et y réserva une petite place pour s'y retirer en cas de pluie.

Ils partirent par la diligence : M. Milne Edwards prit place dans le coupé ; M. Blanchard se percha sur l'impériale pour écrire avec plus de facilité l'histoire zoologique des pays qu'il allait parcourir et étudier les mœurs des animaux.

Je ne dirai rien de leur voyage jusqu'à la Méditerranée : on ne reçut d'eux aucune nouvelle, excepté M. Blanchard père qui vit arriver un matin la lettre suivante :

« Cher Papa,

Rien d'amusant comme les voyages ; ça vous forme joliment ! Je laisse pousser mes cheveux ; pourtant je remarque que ça graisse un peu le collet de mon habit. Les banquettes de diligence ont été inventées pour la ruine des fonds de culotte.

Ton respectueux fils,

Emile Blanchard. »

On s'embarqua.

M. Milne Edwards et M. Blanchard eurent beaucoup à souffrir du mal de mer.

Ils n'eurent pas beaucoup d'autres dangers à courir ; seulement, en arrivant à Palerme, le compagnon du savant professeur faillit être dévoré par une troupe de sardines qui faisaient de grands ravages sur les côtes de l'île et avaient déjà humé huit géologues, onze zoologistes, et cinquante-neuf botanistes y compris six herboristes et un apothicaire.

Nos deux voyageurs s'établirent à Palerme et commencèrent leurs travaux : leurs excursions furent productives. Au bout de huit jours, ils avaient recueilli une énorme quantité d'animaux nouveaux. M. Blanchard, lui, ne sortait guère de sa spécialité, et recherchait avec ardeur les insectes. A lui seul, il en avait récolté deux mille, dont il avait formé trois mille genres nouveaux, ayant judicieusement remarqué que les mâles et les femelles ne peuvent que rarement entrer dans le même genre.

De temps à autre, ils écrivaient à Paris ; les lettres de MM. Milne Edwards étaient remplies de pensées profondes : - Ma foi, disait-il, le soleil de Sicile est bien chaud ! D'ici à quinze jours nous serons noirs comme des morilles. – La transpiration est très abondante, et je mouille neuf chemises par jour. – Vive le macaroni ! – La Sicile est un pays entouré par la mer. – La Méditerranée n'a ni flux ni reflux. – Les Palermitaines sont assez jolies. – Il est à regretter qu'on ne cultive pas dans ce pays la canne à sucre et l'ananas. – La girafe serait belle à voir courir sur les bords de la mer, et si j'avais des œufs d'autruche j'en ferais une omelette. – Toutes choses, -comme le lecteur peut s'en convaincre, - très profitables à la science.

Tout-à-coup les lettres cessèrent. On n'ouït plus parler des deux voyageurs. Après quelques recherches demeurées sans résultat, on pensa qu'ils avaient été dévorés par les coléoptères du pays ; et comme tout passe et s'oublie dans ce monde, on ne s'occupa bientôt plus des deux savants.

Un an après, des pêcheurs palermitains jetant leurs filets dans la baie de Girgenti, en retirèrent deux corps assez pesants. –Ils reconnurent avec étonnement que c'était deux hommes en habit noir.

Ces honnêtes insulaires apportèrent leur capture aux autorités, qui ne tardèrent pas à reconnaître en eux les naturalistes français qui avaient, un an auparavant, débarqué dans l'île. Or, comme les deux naturalistes étaient sans mouvement, on alla chercher les médecins et les savants les plus habiles du pays, pour prendre leur avis sur un fait si extraordinaire.

Les deux naturalistes furent étendus sur une table et déshabillés ; l'on vit alors qu'ils étaient couverts de balanes des pieds à la tête, sauf quelques anatifes et des huîtres qui avaient élu domicile sur leur dos. Chacun d'eux avait la tête couverte d'un casque à plonger : on le leur ôta. M. Milne Edwards était frais rasé ; quant à M. Blanchard, il avait tout le bas du visage couvert de filaments déliés et capilliformes, de couleur brune, qui simulaient de la barbe à s'y tromper. Pourtant un habile phycologiste s'armant d'une loupe, reconnut que l'infortuné avait le visage couvert d'une espèce particulière de *fucus*, qu'il étudia avec soin, et auquel il donna le nom de :

Anthropothricus Blanchardii

Il déclara que ce jeune homme en serait affligé toute sa vie, mais qu'il n'en serait pas défiguré, à cause de la ressemblance de cette plante marine avec la barbe humaine.

Après mille efforts infructueux pour rendre la vie aux deux savants, on les mit dans une caisse et on les expédia à Paris avec les collections.

L'air natal les ranima. Dès que les caisses furent ouvertes, M. Milne Edwards commença à respirer et fredonna la *Sicilienne* de *Robert le Diable*. Ensuite on avisa, dans un coin de la boîte, un être recoquillé qui s'agitait comme un loir qui se réveille. On le mit au grand air, et quand il ouvrit les yeux il aperçut autour de lui des visages riants qui le regardaient avec surprise.

Chacun s'écria tout d'une voix :
-Tiens ! c'est Blanchard !
-Il a l'air d'un Tartare, ajouta quelqu'un.

M. Blanchard se passa machinalement la main sur le menton, et quand il sentit le fucus qui le tapissait, il jeta un cri d'effroi.

On s'approche, on examine, et bientôt on accourt de toutes parts pour voir l'étrange parasitisme dont M. Blanchard est la victime. C'est à qui lui demandera un peu de fucus. Tous les algologues en cueillirent un brin.

Chacun l'étudia dans le silence du cabinet, et ces savantes études produisirent dans la science une création nouvelle.

M. Montagne en fit une famille à part de l'ordre des phycées, sous le nom de :

Phycées hominoparasitiques

Il dédia ce genre à M. Blanchard, et le décrivit sous le nom de :

Blanchardinia siciliana.

M. Decaisne, qui fait concurrence à M. Montagne et est aussi phycologue, -quoiqu'un peu moins fort que son rival, - en fit une classe sous le nom de :

Pseudanthropophycoïdées,

Et l'appela, en l'honneur de son patron :

Capnophagia horridulentia.

Il fut publié sur cette singularité neuf mémoires qu'on peut lire dans les mémoires de l'Académie des sciences, année 1844, et le nombre des dénoques sardines assez alertes faisaient mes commissions ; un gros rouget présidait à notre cuisine.

« M. Blanchard m'assistait dans mes observations, et je luis dois des renseignements précieux et essentiellement neufs. Ainsi c'est lui qui a remarqué le premier que les Huîtres et les Acéphales ont deux coquilles, et que le ligament sert à fermer et à ouvrir les valves…- Que les Berocs ont la peau nue, que les Crustacés sont recouverts d'une enveloppe calcaire qui se renouvelle à des époques périodiques, et il compara ce changement à celui d'un homme qui change de paletot suivant les saisons, - ce qui n'avait pas encore été dit. Enfin j'espère remplir sept volumes in-4° avec nos communes observations.

« J'ajouterai que nous eûmes d'abord beaucoup de peine à nous accoutumer à la fraîcheur, je dirai même à l'humidité du lieu ; mais que la nourriture frugale que nous prîmes nous entretint en parfaite santé ; nous mangions les animaux à notre portée ; les poissons frits étaient notre plat de prédilection, bien que nous déjeunassions volontiers avec des coquillages. De temps à autre nous nous rafraîchissions au moyen d'algues et autres herbes marines.

« Nos occupations ont été si actives que nous ne nous sommes pas aperçu que le temps s'écoulât…Seulement, tous les trois mois, nous tombions dans un engourdissement qui durait plusieurs jours et menaçait d'aller en augmentant. En nous réveillant nous changions de peau, et au bout de quelque temps nous reprenions nos études.

« Certes ! nous avons accompli de grandes choses, et la science récompensera ceux qui se sont dévoués pour elle !! »
En ce moment le savant professeur est occupé à rédiger son voyage sous-marin : il compte le livrer à l'impression à la Trinité prochaine.

Cet ouvrage sera dédié à la postérité ; mais, hélas ! le temps est un messager souvent bien infidèle !

On peut voir chez M. Milne Edwards les casques à plonger qui lui ont servi à ses pérégrinations sous-marines.

Conchyliologie et zoophytologie

M. Valenciennes

(Echinophorus ostraciosus, de Lacépède)

Avouons que M. G. Cuvier eut une bien étrange fantaisie, - fantaisie de paléontologiste, -lorsqu'il prit pour aide-naturaliste M. Valenciennes. Echinophorus croit qu'il suffit de savoir distinguer une carpe d'un brochet pour être un grand homme ; aussi dit-il CUVIER et MOI ! en parlant de la grande histoire des poissons, assez triste compilation du reste, et qui chaque jour devient plus pitoyable. On va jusqu'à dire que les goujons ont présenté une pétition à la chambre des députés, pour que l'article qui les concerne soit mieux traité et surtout mieux écrit.

Élevé au milieu des bocaux d'alcool où s'ébattent les poissons crevés, M. Valenciennes est poissonnier, on ne peut plus poissonnier ; mais ne lui demandez pas autre chose, car il ne sait que cela ; aussi, dans leur sapience, MM. les administrateurs du Jardin l'ont-ils appelé à la chaire de conchyliologie, vu qu'on ne le sortait pas de son milieu. –Les malins se doutaient qu'on rirait un peu au nez du professeur à sa première leçon, ce qui n'a pas manqué : aussi a-t-il prétexté certaine petite maladie jusqu'à ce qu'il eût un peu mieux étudié la matière…Pauvre science !

M. Valenciennes est arrivé à l'Institut, et il a dû sa nomination à la haute protection du sultan de l'Académie, qui fait passer tous les savants entre ses jambes, en manière de fourches caudines. M. Valenciennes a baisé humblement la griffe de son seigneur ; or, M. Arago dispose d'une grande partie de l'Institut, et M. de Humboldt aidant, lui qui depuis longues années protège très spécialement M. Valenciennes, ce savant conchyliologiste est arrivé au fauteuil…-On s'est demandé ce qu'il ferait dessus. Mais on commence à être rassuré ; car jusqu'à ce moment, il n'y a rien fait.

M. Louis Rousseau

(Thuriferarius Valenciennti, de Buffon)

Excellent garçon, très utile à son patron, qui ne le garderait pas sans cela ; car il lui faut un aide-naturaliste qui travaille pour deux. Mais le malin travaille en même temps pour lui et s'efforce d'égaler son illustre chef en obésité. Il a le défaut de trop s'incurver prostothoniquement le rachis devant les astres professoraux.

Funérailles de Geoffroy Saint-Hilaire 1er

(Transcendentalus, de Cuvier)

Par une de ces chaudes matinées de juin, où la terre encore brûlante des ardeurs de la veille, exhale de toutes parts une vapeur de feu, les astronomes de l'Observatoire furent surpris de ne pas apercevoir le soleil et de remarquer parmi les planètes un mouvement insolite. Grand était leur émoi, grande leur anxiété…-Allions-nous retomber dans le chaos, la terre allait-elle s'engloutir dans l'abîme ou s'embraser ?…-Ils n'en savaient rien !

Or voici ce qui se passait dans notre système.

Dès l'aube du jour, le *Soleil* sort du sein des eaux, pâle, abattu, les yeux en pleurs…Il fait appeler près de lui les planètes.

Chacun se lève en toute hâte, et la plupart, dans leur empressement, se présentent devant leur maître dans un état que la pudeur rend délicat nommer. Celles qui n'ont pas de satellites et qui font leur ménage elles-mêmes sont les plus négligées. *Mercure, Vénus, Cérès, Vesta, Junon, Pallas* arrivent presque en chemise ; *Saturne* paraît les yeux encore bouffis. *Jupiter* s'avance d'un pas majestueux, précédé de ses quatre satellites, qui courent devant lui en manière de lévriers. –Enfin, *Uranus,* le gros Uranus, comme on l'appelle là-haut, arrive le dernier, haletant, essoufflé, n'en pouvant plus..Il se jette dans un canapé, s'excuse d'être en retard ; mais il demeure si loin !

Donc, quand toutes les planètes sont réunies, le soleil les fait placer sur deux rangs (voilà ce qui intriguait si fort les astronomes), et leur dit d'une voix émue :

-Mes chers enfants, le père Geoffroy est mort ! Ici, les planètes de crier. –
Le pauvre cher homme ! soupire Uranus.
-Oui, mes enfants, il est mort, on ne peut plus mort, et je vous ai réunis pour vous associer au deuil de la Terre. Que personne aujourd'hui ne se mette en toilette, ne reçoive, ne fasse de visites, n'allume de bougie. Qu'il y ait tristesse générale. Quant à moi, je ne chaufferai ni n'éclairerai personne, c'est un parti pris.
-Jupiter, Saturne et Uranus font la grimace.
-Ah ça ! drôles, est-ce que je ne suis pas maître chez moi ?…Allez et que chacun pleure. La Terre, ma fille, a perdu un homme estimable…et qui le remplacera ?…-Oui, à propos, qui le remplacera ?…

Le Soleil prend une prise de tabac.

-Ce sera Valenciennes, dit Vesta.

-Taisez-vous, sotte, répond le Soleil.

Les autres planètes lui rient au nez et se demandent pourquoi Vesta s'intéresse si fort à M. Valenciennes. –Là-dessus, mille cancans de planète à planète. –Toutefois, nous croyons pouvoir répondre de l'innocence de M. Valenciennes à l'endroit de Vesta.

-Ce sera Duvernoy, dit Junon.

-Plus souvent !

Mêmes propos. Cependant, quand on songe à l'âge de M. Duvernoy, à sa timidité, -on s'accorde à penser qu'il n'a pu adresser des vœux indiscrets à la grande déesse. Puis, quand même, Junon est païenne, et M. Duvernoy est catholique romain. *Proh ! Pudor !*

-Eh bien ! prenez Costes, crie Mercure.

-L'ovologiste, dit en souriant le Soleil : que sortira-t-il de cette incubation ?…Un fœtus non viable, peut-être…Et s'il est viable, qui peut assurer qu'il vivra ? A un autre ?

-Moi, je propose Blanchard, dit Uranus.

Cette motion est accueillie par des éclats de rire.

-Oh ! le vieux *lustig*, dit une comète qui passait en omnibus et avait mis le nez à la portière.

-Et pourquoi pas ? dit le Soleil…qui regarda si chaudement l'imprudente comète, qu'il la réduisit en vapeurs. Blanchard n'a rien fait, c'est vrai, mais on a, en le prenant, la certitude qu'il ne fera rien après sa nomination. Que feront de plus les autres ? Deux concurrents sérieux, sont seuls sur le tapis ; Valenciennes et Duvernoy. Valenciennes, je le veux bien, est protégé par mon fils Arago ; mais ce cher enfant peut bien commettre une boulette, surtout en matière d'élection. Bref, la place du défunt sera difficile à combler. Pauvre Geoffroy ! –Justement, voilà son convoi qui s'avance.

En effet, on voyait se dérouler au loin le cortège funèbre. –Le cercueil du professeur était porté par quatre orangs vigoureux. Quatre atèles tenaient les cordons du drap funéraire. Un groupe de singes suivaient en pleurant.

Six alouates chantaient des prières de leur voix de basse-taille.

Dans l'ordre de leur importance et les larmes aux yeux –ce qui fait grand honneur à leur sensibilité,- venaient les loris, les makis, les galagos, les tarsiers, les aye-aye. Mais ces animaux, d'un naturel fort gai, faisaient de temps en temps des gambades.

Derrière eux se voyait un groupe de chéiroptères, telles que roussettes, céphalotes, rhinolophes, mégadermes, le nez au vent et les ailes déployées.

Les insectivores avaient envoyé pour les représenter, en s'excusant de leur pauvreté, une musaraigne, un desman et deux taupes.

Un jaguar marchait seul, fier de sa belle robe.

Un castor, bien gros et bien fourré, était en tête des rongeurs. A sa droite marchait un hydromys et à sa gauche un echimys et un phascolome.

La terre retentissait sous les pas d'un immense rhinocéros d'Afrique, sur la tête duquel deux jeunes tapirs soutenaient un parasol.

La girafe venait en petite-maîtresse après le rhinocéros, se dandinant de ça, de là, et dodelinant de la tête.

On remarquait derrière elle une ombre de forme bizarre : c'était le sivatherium dormant depuis 400.000 ans sur les rives du Gange.

L'ornithorynque et l'échidné, sotte marmaille sans importance, fermaient la marche en sifflotant.

Les oiseaux étaient moins nombreux. Comme le savant professeur s'était moins occupé d'eux, ils n'avaient pas cru devoir se mettre en frais ; pourtant une autruche assistait à la cérémonie.

Au moment où elle passa la troupe des poissons, chacun fit place. Le requin était en tête, pleurant de bonne foi. Il donnait le bras à une raie que soutenait une émissole, tant la douleur l'empêchait de marcher. Un énorme silure lisait le journal à côté d'une gymnote, et ces deux gros bonnets ne faisaient nulle attention à une honnête baudroie qui marchait escortée d'un polyptère, de trois carpes et de six achires.

Le cortège des animaux était fermé par des crustacés, des articulés de toute sorte et quelques radiaires qui assistaient au convoi par désœuvrement.

Les candidats à la vacance de l'Institut suivaient d'un air de fête. Ils étaient d'une hilarité qui scandalisa si fort une bonne grosse carpe qu'elle les tança rudement.

Le convoi approchait du lieu de repos, et le cortège continuait sa marche avec une grande lenteur. L'émotion des animaux était au comble. La girafe respirait des sels, le rhinocéros pleurait comme un veau, et la carpe tombait en pâmoison à chaque pas.

Enfin les alouates annoncèrent, de leur voix rauque, qu'on était arrivé au lieu où devait se faire l'inhumation.

Les orangs déposèrent le cercueil avec respect, firent signe aux taupes, au castor, au peramèle et à l'oryctérope d'avancer, et ils creusèrent une large fosse sous la direction du jaguar.

Les restes du naturaliste y furent déposés et ce fut alors un brouhaha de pleurs.

Quand la première émotion fut passée, un orang s'avança d'un air modeste sur le bord de la fosse, et prononça d'une voix entremêlée de soupirs le discours suivant :

« La tombe va se refermer sur les restes d'un animal du plus haut mérite et de la plus grande vertu. Quoiqu'il ne fût pas de notre espèce ni de celle d'aucun de ceux qui m'entourent, il avait compris dans sa sagesse qu'il existe entre nous et lui communauté d'origine, et que si nous devions quelques égards à la supériorité de l'intelligence humaine, d'un autre côté les hommes nous doivent le respect à cause de notre antériorité. Moi, messieurs, quoique le plus jeune d'entre vous avec mes frères les singes, je n'en suis pas moins l'aîné de l'homme. Avant l'illustre Geoffroy, personne ne nous avait rendu justice. Il a proclamé l'unité de type et de plus, il a démontré comment les êtres organisés s'enchaînent entre eux. Sa vie a été consacrée à la réhabilitation de l'animal. Honneur à lui ! – Qu'une larme soit donnée à sa mémoire. »

A l'orang succéda la girafe.

« Messieurs, dit-elle d'un ton sentimental, je ne me hasarderai pas dans la route épineuse de la science : je n'évoquerai ici que les souvenirs du cœur. C'est avec la plus vive reconnaissance que je me rappelle les soins affectueux de ce généreux naturaliste envers moi lors de mon arrivée d'Afrique. Il venait chaque jour me tenir compagnie, et comme alors je ne savais pas un seul mot de français, il me parlait ma langue maternelle : il n'était pas de petits soins qu'il ne me prodiguât ; aussi lui dois-je la conservation de mes jours et ce teint fleuri que chacun admire en moi. Sans lui je serais morte, aussi ma douleur est-elle plus immense que la vôtre. Adieu, bon Geoffroy, que la terre te soit légère. ».

« Messieurs, dit le sivatherium, je n'ai pas l'honneur d'être connu de vous et cela ne m'étonne pas ; car je suis complètement étranger à cette époque : à part M. le Téléosaure que je me rappelle avoir rencontré autrefois, je n'aperçois ici que de nouvelles figures. Pourtant, le visage de Monsieur (fit le sivatherium en montrant le rhinocéros) n'est pas tout à fait nouveau pour moi : je l'ai reconnu à l'élégance de ses manières. – C'était alors le bon temps. (Ici l'orateur pousse un profond soupir.)
-A quoi bon ces regrets ! Je ne rappellerai donc pas le passé ; seulement, je viens au nom des animaux perdus, payer à Geoffroy mon tribu de

reconnaissance. Depuis bien des siècles, tout avait péri jusqu'à notre nom : c'est Geoffroy surtout, après Cootley, qui m'a fait renaître de mes cendres : par lui on sait ce que j'ai été, et je viens l'en remercier au nom des paléozoaires. »

Pendant que l'orateur parlait, un jeune lori s'approcha de lui et lui fit la grimace.
Le sivathérium s'en aperçut. Il se tourna vers l'insolent lémurien, et lui dit d'une voix grave : -Va-t'en, moutard.
Le jaguar, qui faisait l'office de sergent-de-ville, mit la main sur le lori, et, dans la crainte d'une récidive, il le mangea. –Bel exemple pour les gouvernements.

Tous les discours furent applaudis comme ils le méritaient.

Un homme se détacha du groupe qui se tenait en dehors du cercle des animaux, et demanda avec hauteur à un orang si l'on avait fini…

-Que réclame ce monsieur, demanda le jaguar ?
-Rien que la parole, mon cher frère, répondit l'homme d'une voix radoucie. –Le jaguar sourit en haussant les épaules. L'orateur (M. Dumas) s'exprima ainsi :

« Loin de moi, Messieurs, la pensée de venir sur la tombe qui renferme la dépouille mortelle du célèbre académicien que nous pleurons tous (on rit) attaquer ses opinions scientifiques. Pourtant je dois à la vérité de dire que souvent l'illustre savant a erré. Je me plais à reconnaître la profondeur de ses théories, mais j'ajouterai que les conclusions qu'il a tirées du petit nombre de faits qu'il avait observés ne sont pas rigoureuses ; que ses théories étaient bien souvent hasardées ; que trop de fois il s'est laissé entraîner par son imagination, et que la science, comme nous l'entendons, et comme l'entend l'école de l'illustre Cuvier, a tiré peu de profit de ses travaux. Que ce regard rétrospectif ne soit pas pris pour un blâme : j'ai toujours été un des admirateurs du défunt. Mais je ne puis m'empêcher de dire qu'il savait peu l'anatomie, et n'était pas de première force en observation. Mais on ne peut pas avoir toutes les vertus !

« Vous parlerai-je de Geoffroy comme écrivain, je lui paierai également un juste tribut d'éloges ; on trouve cependant dans ses écrits une sorte d'obscurité qui laisse souvent à désirer. Enfin, Messieurs, avant de quitter cette tombe, qui doit à jamais se refermer sur les restes de notre ami, je dois à mon cœur de dire que dans le savant j'admire les vertus de l'homme privé, et dans l'homme privé j'aime la science. Adieu Geoffroy ! ne m'en veux pas si j'ai fait ton éloge selon mon cœur et mes intérêts ; car tu le sais les drôles s'entendent toujours ensemble. »

A cet orateur en succéda un autre, M. Edgar Quinet, qui se frottait les yeux pour exciter sa sensibilité.

« A vous, hommes de science, les hautes appréciations des travaux du défunt, à moi les douces et émollientes pensées du cœur. Vous venez d'entendre la vie de Geoffroy comme savant ; je veux vous entretenir comme simple citoyen.

Né avec des goûts simples et frugaux, il vivait de peu ; la nourriture la plus triviale lui suffisait ; pourtant, je crois qu'il n'aimait pas les épinards, ce qui m'étonnait d'autant plus que moi qui vous parle, j'en suis fou ! en revancher, Messieurs, il aimait les œufs à la coque. Oui, Messieurs, je le déclare hautement et sans crainte d'être démenti, il aimait profondément les œufs à la coque.

Parmi les vertus privées qui font les grands citoyens, je parlerai de sa simplicité dans ses vêtements. Une modeste perruque lui suffisait, quelle qu'en fut la couleur. Aussi, le grand Napoléon l'estimait-il à cause de cela, et il se connaissait en hommes.

Je n'oublierai jamais que quand j'entrais chez lui, il me disait : -Bonjour, mon ami. A quoi je répondais : -Bonjour, monsieur Geoffroy. Paroles simples, mais sublimes, qui dévoilent les plus hautes vertus privées.

Moi qui ai vécu dans son intimité, je puis vous dire sa vie toute entière. Le matin, il se levait et mettait ses pantoufles. Il lisotait, travaillotait, écrivotait, observotait, synthéticotait, transcendentalisotait, jusqu'au déjeuner, recommençait jusqu'au dîner ; puis il s'allait coucher et dormait d'un profond sommeil.

Ah ! Messieurs c'est dans les petites choses que l'on reconnaît les grands hommes. »

L'orateur se tait suffoqué par la douleur, le commissaire des morts et ses acolytes tombent sans connaissance, enfin, c'est une douleur générale, tant ce discours a produit d'impression.

Les orangs appellent le jaguar, qui recouvre le cercueil avec la terre amoncelée sur les bords de la fosse, et tous les animaux défilent un à un faisant un demi-salut.

Quand les animaux se furent retirés, les candidats à la survivance dansèrent sur la tombe de Geoffroy une joyeuse sarabande : Ils polkèrent, cachuchèrent, cancanèrent, mazourkèrent, redowèrent, et se livrèrent à une folle joie.

Le Soleil riait aux larmes de cette joyeuseté et murmurait tout bas : Les pppolissons !!!!

Quand la fatigue eut obligé les danseurs à songer au repos, ils s'assirent en rond sur l'herbe et devisèrent Institut.

Ce fut à qui parlerait de ses titres et de ses travaux. L'un disait : Moi, j'ai fait *ceci* ; l'autre, j'ai fait *cela* ; un troisième, j'ai fait *ceci* et *cela*.

A cela on répondait : Mais si ! mais oui ! mais non ! bah ! plus souvent ! ohé ! ô c'te balle !
Le Soleil les voyant depuis quatre heures dans cette douce occupation commença à se scandaliser, et il dit aux planètes : -Enfants, je suis ennuyé de tout ceci…si je pleuvais ?…

-Tiens ! c'est une idée, père Hélios, dit Vénus.

Alors le Soleil, pour dissimuler sa figure rayonnante, mit un ample bonnet de coton et daigna lui-même faire tomber sur les danseurs une petite pluie, fine et glacée.

-Ah ! ah ! dirent d'une voix unanime les candidats : Je crois qu'il pleut !
-Voyons, s'écria M. Valenciennes, avant de quitter ces lieux, il faut que notre candidature se vide, et allons donc !

Là-dessus il ôte son habit, retrousse ses manches de chemise, met à nu ses bras d'ichtyologiste, de conchyliologiste, de zoophytologiste et d'invertébré, et commence à allonger force horions. C'était à qui l'esquiverait.

Déjà plus d'un héros a mordu la poussière : un seul tient bon : c'est M. Duvernoy. –Quand ils furent seuls, M. Valenciennes se posa fièrement devant lui, l'œil en feu, les bras croisés, et lui demanda impérieusement -Qu'as-tu fait ?…qu'as-tu fait ? qu'as-tu fait pour oser t'opposer à moi ?

M Duvernoy pâlit, et tout à coup on entendit venir du palais Mazarin, -porté par la brise- un murmure confus au milieu duquel on distinguait : Valenciennes ! Valenciennes !

Le pauvre anatomiste comprit qu'il était vaincu et se retira. M. Valenciennes, maître du champ de bataille, se permit –le fastueux qu'il est !- de prendre un *omnibus* pour retourner chez lui ; mais il eut soin de glisser dans ses six sous un monaco.

A quelque temps de là, l'Académie, couronnée d'une foule de végétaux, tels que, chardons, pissenlits, panicauts, chiendents, alla en pompe au devant de M.Valenciennes, qui annonça qu'il prononcerait un superbe discours auquel il travaillait depuis 1803, sur les gibelottes comparées, ce qui fut très goûté des doctes du lieu.

Le Soleil qui avait vu tout ceci, grogna, bouda, gronda, tonna, éclaira, grêla, mais il finit par se radoucir, et se consola en disant : Bah ! les académiciens ne valent pas la peine que je me fâche !

Et les planètes de faire chorus.

Une réception à l'Institut

Vers la fin du mois de mai devait avoir lieu la réception de M. Valenciennes, et tout dans la nature s'associait à ce grand jour. –Les arbres parés de leur robe nouvelle brillaient de l'éclat de l'émeraude que diapraient mille fleurs ; les moineaux épandus par les airs voletaient en chantant ; il semblait, à voir le soleil, qu'il avait oublié sa mauvaise humeur.

Le récipiendaire seul, sombre et inquiet, préparait son discours. Déjà il avait lu à son aide-naturaliste, qui avait menacé de donner sa démission s'il l'obligeait à l'entendre de nouveau ; il l'avait lu à sa cuisinière qui avait, pour s'en venger, salé sa soupe outre mesure, laissé brûler son rôt et négligé d'écumer son pot ; –enfin, en désespoir de cause, il avait été réduit à payer un commissionnaire à 50 centimes l'heure pour avoir un auditeur obligé.

Quand M.Valenciennes eut lu, relu, retouché, réécrit, médité, remédité son discours, il le trouva bien, très bien, et le mit de côté pour le jour de la réception : car des soins plus importants appelaient toute son attention : il fallait qu'il fit dégraisser son habit noir, retaper son chapeau, ravauder ses bas, remettre un fond à sa culotte, un béquet à ses souliers, cinq boutons à son gilet, et de plus, qu'il lavât ses mains et son visage, enfin qu'il se permit de l'extra.

Le matin de la réception, il repassa ses matières, et partit en fiacre pour la palais Mazarin, où l'attendait un public nombreux et choisi. Tous les forts de la halle s'y étaient porté en foule ; les dames du marché des Innocents y avaient envoyé une députation ; les mariniers de la Grenouillière avaient déserté leur bachot pour venir entendre ce fameux discours, dont on avait ouï parler depuis la Rapée et Bercy jusqu'au Gros-Caillou de Passy.

Au moment où les portes s'ouvrirent, les musiciens du *Théâtre français*, que l'on avait arrachés à leurs douces habitudes pour réjouir les oreilles de l'Institut, jouèrent à l'entrée du récipiendaire l'air de la *Catacoua*, qui fut immédiatement suivi de *Cadet Roussel*, avec variations.

M. Valenciennes tira son manuscrit de sa poche, toussa, éternua, cracha, se moucha, regarda, lorgna, binocla, loucha, bigla, et commença le discours suivant, que nous avons fait écrire par le sténographe du cours du savant professeur.

« Mesdames et Messieurs,

Assez d'autres avant moi ont prononcé ici d'éloquents discours sur la science en général, ou certaines branches d'icelle en particulier, pour que n'imitant pas mes prédécesseurs, j'excite votre ennui par une triste élucubration scientifique. –Non ! non ! je répandrai des fleurs sur la science, je la rendrai agréable à tous, chacun en voudra, chacun m'écoutera, m'ouïra, m'applaudira. –Ceux qui auraient le malheur d'être mécontents, seront des gens difficiles et de male humeur, auxquels je souhaite une mort violente.

« Je vais vous parler gibelotte, et gibelotte comparée, heureux d'avoir assaisonné mon discours de manière à charmer vos oreilles.

(Ici l'orchestre joue l'air : *Ah ça ira !)*

« L'étymologie du mot gibelotte se perd dans la nuit des temps, et les cuisiniers les plus expérimentés ne savent d'où il vient. Or, voici, à ce sujet, le résultat de mes recherches :

« On peut faire venir le mot gibelotte de *gibel* qui, dans les langues sémitiques, signifie une montagne, parce que les lapins creusent leurs terriers dans les monticules ou les petites montagnes, d'où la désinence *otte* qui est un diminutif.

« Ou bien de l'allemand *geben*, donner, parce qu'on dit au restaurateur : donnez-moi de la gibelotte. –*Geben* fait à l'impératif *gib*.

« On pourrait encore faire venir ce mot, de Gibelin, car peut-être est-ce un des chefs de ce parti qui inventa ce ragoût dans un moment de pénurie ; alors on l'appela, du mot *gibelin*, -*gibelotte*, c'est-à-dire un *petit Gibelin*.

« Le père Kirker fait venir gibelotte de *gabelou*, parce que les gabelous vivant au voisinage des barrières, mangent beaucoup de gibelotte.

« Mais voici venir la comparaison ; car il y a gibelotte et gibelotte, n'est-ce pas, mesdames et messieurs ?

« -Oui, oui ! s'écrient les auditeurs.

« Or, la gibelotte peut être faite avec un lapin de garenne ou un lapereau, un mâle ou une femelle ; et suivant les temps, les saisons, les localités, la gibelotte faite avec un lapin de garenne peut avoir un goût différent. Un gourmet pourrait même dire :
-Cette gibelotte a été faite avec un lapin de tel endroit et dans telles circonstances.

« Il y a quinze variétés dans la gibelotte de lapin de garenne ; mais il est une autre gibelotte ; celle faite avec le lapin de clapier. –Oh ! pour celle-là, elle est inférieure à la première et il n'y a pas moyen de s'y tromper. Au lieu de la saveur agréable et du parfum du lapin de garenne, le lapin de clapier est fade et sans goût ; il n'est ni bon ni mauvais, l'assaisonnement fait tout et à part un certain Drioton[6] qui a inventé l'art de le préparer par des pratiques alchimiques qui le rendent excellent, je ne mangerais pas de gibelotte de lapin de clapier, dût-on me donner dix sous !

« Je propose donc l'éloge de Drioton. »

- Ici le public de crier : Vive Drioton ! vive l'illustre Drioton et son auguste famille. L'orchestre joue l'air : *Où peut-on être mieux* !

« Mais, Messieurs, que de nuances dans la gibelotte de lapin de clapier ! Il y a le lapin gris : c'est le lapin pur sang, le moins mauvais de tous. – Le lapin blanc, pauvre albinos à la chair molle et flasque ; le lapin noir, qui, quoique plus ferme, ne vaut guère mieux ; puis le lapin blanc mêlé, qui a les yeux noirs et se rapproche du gris.

« Vient maintenant le lapin de tonneau, nourri avec des choux et des épluchures de carottes, pauvre déshérité qui a grandi sans jouir de sa liberté, qui n'a jamais vu les près ni les bois, qui a croupi sur une paille infecte. –Oh ! qu'on ne me parle pas de gibelotte préparée avec ce lapin ! J'aimerais mieux manger un faux toupet à la sauce blanche que de goûter à cette gibelotte fade, visqueuse, mollasse, glutineuse et nauséabonde, qui donne la colique et peut causer des dérangements gastriques d'une énorme gravité.

« Je ne puis mieux faire que de chanter ici un couplet où le lapin de tonneau est apprécié à sa juste valeur par un poète éclairé. »

L'orateur chante les paroles suivantes sur l'air : *Bocage que l'aurore*. L'orchestre accompagne.

> Potage à la julienne
> Qui m'as coûté cinq sous ;
> Gros lapin de garenne
> Nourri z'avec des choux ;
> Goujons qu'on a fait frire
> Dans de l'huile à quinquets ;
> Ah ! pouvez-vous me dire

---

[6]   Auguste Drioton, artiste en gibelotte, rue de Sèvres-Saint Germain, n° 107.

D'où viennent mes hoquets ?...

« Il y a encore la fausse gibelotte, la gibelotte de chat, celle qui miaule dans l'estomac et vous griffe le tube digestif. – Arrière, fausse gibelotte ! gibelotte inventée par la civilisation et qui ne paraît que sans tête et sans queue. – Arrière !

« Je ne vous parlerai pas des mille nuances qui différencient l'assaisonnement de la gibelotte, la cuisson, la qualité du beurre, des champignons, des oignons ; la préparation du roux, le brûlé du vin, le bouquet garni ; enfin, tous ces ingrédients et condiments rendent ce mets fameux ou détestable.

« Or, quel rôle joue la gibelotte dans notre société moderne ?...

« Le maçon, le tourlourou, la bonne d'enfants, le jardinier, le garçon de laboratoire mangent de la gibelotte de chat : le portier et son épouse, la gibelotte faite avec le lapin de tonneau ; l'épicier, le bonnetier, etc., la gibelotte de lapin de clapier, et votre serviteur, la gibelotte de lapin de garenne ! »

Ici l'orateur se lèche les doigts.

« Messieurs, j'ai fini ; mais avant de céder la parole à l'illustre orateur qui va me succéder à cette tribune, permettez-moi de vous citer un adage philosophique qui résume tout mon discours :

« Dis moi quelle est ta gibelotte et je te dirai qui tu es. »

Le public applaudit et l'orchestre joue l'air : *Trou la la ! trou la la !*

Mr Arago se lève : tout le monde se tait ; le soleil ferme un œil.

« Messieurs,

« Le savant M. Valenciennes vient de prononcer un fort remarquable discours sur la gibelotte considérée en linguistique, en zoologiste, en cuisinier, en poète, en économiste et en philosophe. Je vais, moi, la considérer en astronome et vous prouver que dans ce monde il n'y a que deux choses : *attraction et gravitation.*

« Combien d'*attractions* n'a-t-il pas fallu pour que la gibelotte se fit, j'entends par-là une gibelotte quelconque ! –Il a fallu pour que le lapin arrivât à une grosseur qui le rendit *gibelottable*, l'*attraction*, qui, en rapprochant les lapins de leurs épouses, leur fit procréer de petits lapins que l'*attraction* attira vers l'herbe fleurie vers laquelle ils *gravitonnaient*.

Mais lapins de grandir, et une *attraction* puissante *attire* le chasseur vers les lapins vers lesquels il *gravite*. Bientôt le lapin *gravite* vers le carnier et de là vers la cuisine, où l'*attire* la casserole.

« Par une *attraction* nouvelle vers le lapin, devenu le centre d'un système nouveau, les oignons et les champignons *gravitent* vers lui et lui servent de satellites. Dans cet équipage, il parvient sur la table qui l'*attire* ; l'*attraction* le fait passer du plat dans les assiettes, des assiettes à la fourchette, de la fourchette entre la langue et la voûte palatine des convives, et là commence une série d'*attractions* et de *gravitations* nouvelles ; mais de gibelotte plus !

« Ainsi que vous le voyez, tout, dans ce monde, se prouve par l'*attraction* et la *gravitation*. »

On applaudit. L'orchestre joue l'air : *Un jour, le bon Dieu s'éveillant.*

M. Dumas monte à la tribune.

« Messieurs,

« Après avoir entendu les deux superbes discours de mes savants collègues, discours chouettes, discours superlificochicandars, pourrais-je même dire, je serais tenté de demeurer bête ; mais pas si bête que d'être bête ! Ce serait trop bête ! Je vais donc, moi, vous parler gibelotte en chimiste.

« Figurez-vous qu'un jour en entrant dans mes cuisines, je me sentis la muqueuse des fosses nasales titillée délicieusement par une odeur voluptueusement agréable. –Je porte en avant mon appendice prétibial droit, je m'approche d'un vase métallique appendiculé et recouvert par un opercule. –Je le découvre et je reconnais dans un magma cahotique, quoi ! une gibelotte ?

« Cela m'émut la fibre cérébrale et je me dis : La gibelotte ayant une odeur spéciale, il doit y avoir un principe particulier qui constitue la gibelotte !!! peut-être est-ce un corps simple !

« J'immerge alors l'extrémité digito-indicatrice de mon appendice thoracique dextre dans la cavité du vase et je l'en retire ; je la porte ensuite à l'orifice rhinique et je décrète qu'une expérience serait faite.

« En effet, je la fis et je découvris que la gibelotte est due à un corps élémentaire que j'ai appelé *gibelottium*, d'où j'ai conclu que la gibelotte n'est autre chose qu'un *oxyde de gibelottium*. Ce que je formule ainsi :

$$O^2 + G^2 \text{ gibelotte.}$$

« Mais je ne m'arrêtai pas là : J'essayai sur ce nouveau corps tous les réactifs et j'y découvris deux acides : un en eux, c'est l'*acide gibelotteux*, et un second en ique, l'*acide gibelottique*.

« Il en résulte que l'on peut faire avec ce dernier acide surtout, qui est le plus commun :

« Un *gibelottate* de champignons, de pommes de terres, etc.

« Quand ces derniers éléments dominent et sont mal combinés, ainsi que cela se voit *extra-muros*, c'est un *gibelotture* qui présente deux degrés :

Le proto-gibelotture,
Le deuto-gibelotture.

« Je ne parlerai pas de la gibelotte de chat qui est un simple *gibelottoïde*. »

On applaudit. L'orchestre joue l'air : *Je m'brûle l'œil*, etc. Chacun se retire enchanté.

Chapitre 13

Laboratoire d'anatomie

M. Laurillard

(Cuvierotimus fossiliographissimus, de Linné)

M. Laurillard, doué d'une patience minutieuse et né pour l'observation de petites choses, a été pour Cuvier un préparateur intelligent et laborieux. Observateur infatigable, il a élaboré une partie des travaux de paléontologie qui ont fait la gloire de son maître. Mais les grands hommes sont ingrats : et Cuvier le sinécuriste, laissa son aide dans l'obscurité : pourtant que de droits n'avait-il pas à sa gratitude ; car on lui doit toutes les figures des ossements fossiles dont il raffole. On ne peut même guère lui parler d'autre chose : le tibia le plus antédiluvien, la bribe osseuse la plus mince suffit à son appétit fossiliographique.

Comme tous les savants qui ont été les aides d'hommes illustres, il a poussé jusqu'au fanatisme la croyance à l'infaillibilité de Cuvier. C'est un culte, une religion. Il a en horreur les philosophes : et malgré sa débonnaireté, M. Laurillard les traite comme des drôles assez osés pour se mêler de ce qui ne les regarde pas. Le seul reproche à lui faire : c'est qu'il est peu tolérant, trop peu même, envers eux, et il les combat par les obscurités et les doutes de la science ; mais lui, en sait-il plus long, quand il ne fait ni métaphysique, ni ontologie ? Le secret de tout ceci, c'est que M. Laurillard est Croyant ; ainsi il croit à l'immaculée conception, -ce qui est rare par le scepticisme qui court- et à une foule d'autres incroyabilités. Mais que voulez-vous ? Chacun a ses travers et un fossiliographe n'en est pas plus exempt qu'un autre !

M. Rousseau

(Honorivorus choleraticus, de Pallas)

Avec M. Laurillard, se trouve M. Em. Rousseau.

-Quels sont les titres de M. Rousseau pour aller à la postérité ?

1° Un long mémoire sur les dents
2° Le même mémoire, 1ère édition non augmentée.
3° Le même mémoire, 2ème édition non augmentée.
4° Chirurgien aide-major de la garde nationale.
5° Décoré de Juillet.
6° Plaqué du choléra.

Chapitre 14

Ménagerie

Tout le monde y est honnête, et les visiteurs y sont bien reçus. Là, comme ailleurs, on dit : *Virtus post nummos.*

Je ne citerai qu'un seul homme qui déroge à ces bonnes traditions de politesse : c'est M. Tellier. Les animaux féroces qu'il soigne sont plus affables que lui...

Du reste, on peut lire les vers suivants sur un des murs de la ménagerie :

> Un jour on enferma –coupable badinage-
> Tellier et le lion dans la même cage...
> -Savez-vous ce qu'il arriva,
> -Ce fut le lion qui creva.

Cette parodie du quatrain de Voltaire sur Fréron, est-elle juste ? je l'ignore ; mais le visiteur qui l'a charbonnée aurait bien pu citer son auteur. Je pense cependant que Voltaire vivant rirait de cet innocent plagiat, car c'était un homme d'esprit. Aujourd'hui le moindre grimaud qui n'a rien découvert s'offense de n'être pas cité, et voit du plagiat partout ; mais c'est que ces grimauds-là ne sont pas des hommes d'esprit.

Chapitre 15

Bibliothèque

Cet établissement est pauvre en collections, pauvre en choses nouvelles, ce qui y rend le travail difficile. –Dès qu'il arrive un ouvrage important, un professeur s'en empare et s'assied dessus, convaincu que de cette incubation il résultera quelque phénomène scientifique.

Comme toutes les choses ont leur fin, le livre tant désiré quitte le fauteuil du professeur, quand par son poids il a fait de sa chaise curule une chaise percée ; par suite de cette transformation, le cercle des études se trouve singulièrement rétréci.

Ce sont surtout les aide-naturalistes qui combustionnent la bibliothèque. Ils y vont, y viennent, y remuent, y fouillent, y brouillent, y farfouillent, y trifouillent, y grouillent, et produisent fort peu de lignes avec tant de remue-ménage.

On dit que M. Blanchard a déplacé 11.723 volumes pour sa dernière histoire des insectes, et que du tout il a lu sept pages et compilé deux lignes.

OUEAARETS AIETA THOOU OUABOOU, dit la Bible. – Pourquoi ce passage n'est-il pas au front de l'édifice ?...on en comprendrait sur-le-champ la valeur.

M. Desnoyers

(Timidiolinus crassirostris, de Lacépède)

M. Desnoyers, le bibliothécaire officiel du jardin, est un homme poli, très poli, auquel on a donné la place de conservateur des collections bibliographiques et iconographiques, parce qu'il est géologue. Personne n'ignore que la fossilisation est un des meilleurs moyens de conservation.

Les travaux scientifiques de M. Desnoyers sont peu nombreux ; il a publié quelques notices sur les cavernes de toutes sortes, excepté celles de brigands, et fait imprimer jusqu'à treize fois la première feuille d'un ouvrage sur l'invasion des Sarrasins en Sicile, sans jamais avoir donné le bon à tirer. Ce grand travail lui a valu le prix.

M. Desnoyers brûle tous les soirs une veilleuse sous le nez du buste de M. Guizot, son patron. Peu turbulent de sa nature, ce bibliothécaire ne se compromettra jamais en quoi que ce soit. Il ne dit jamais *non*, ce qui le dispense de dire *oui*, et se renferme au conditionnel comme dans un camp retranché.

Voilà tout ce qu'on peut dire de M. Desnoyers, dont les caractères généraux sont peu saillants.

M. Lemercier

(Macroscelis, de Linné, Bibliophagus, de Cuvier)

Tout le monde a vu dans le quartier latin, -sur la route qui conduit au Jardin-des-Plantes et à la porte des bouquinistes, -un être grand, sec, à visage pâle, osseux, dont les cheveux noirs et longs couvrent le front, qui a les yeux à fleur de tête et, dans les temps de givre et de brouillard, une goutte cristalline au bout du nez. -Il porte toujours un chapeau à larges bords, et un vêtement noir. -Son bras est constamment chargé de livres.

Au premier aspect, on pourrait croire que c'est un homme ; moi-même y ai été trompé, et l'erreur est facile ; mais depuis, j'ai reconnu qu'il appartenait à l'espèce des bibliomanes.

M. Lemercier est la pierre angulaire de la bibliothèque du Muséum : s'il se retirait, tout tomberait dans le chaos. Il connaît tous les livres qui la composent. Il sait le titre de chacun, le nom de l'auteur qui l'a composé, de l'imprimeur qui l'a imprimé, de la brocheuse qui l'a broché, du libraire qui l'a vendu.

Personne mieux que lui ne sait l'histoire de toutes les éditions et de tous les éditeurs. Il connaît à une virgule près la différence des textes.

Eh bien ! ce pauvre Macroscelis es le martyr de la bibliomanie. Les illustres chefs de la république scientifique lui donnent 1.200 francs par an, et quoiqu'ils aient besoin de lui, ils l'oublient dans le coin de son rayon ; mais par bonheur pour M. Lemercier, il est philosophe, et le bouquin le console des caprices de la fortune.

Le bibliomane dont M. Lemercier est le roi, le dictateur, n'aime pas le livre pour ce qu'il contient. Cette passion est le propre des âmes vulgaires. Il a le cœur plus large ; il aime le livre pour le livre, et ce qu'il aime dans un livre, c'est le titre.

La titulomanie a pourtant cela d'utile qu'elle rend M. Lemercier très propre à faire un catalogue. Il sait disposer ses matières avec une méthode bonne et savante.

Ô vous, simples mortels qui aimez votre repos, et dont l'esprit n'est pas propre à une longue contention, fuyez le bibliomane ! Surtout n'allez pas chez lui, car vous seriez là attaché au carcan, au pilori de la bibliomanie. Macroscelis vous soumettrait à la narration historique de l'ordre dans lequel sont rangées ces longues files de petits cartons d'inégale grandeur, bordés de liserés jaunes. –Il vous faudrait les passer en revue, entendre l'histoire de chaque carton, lire les titres inscrits sur chacune des myriades de cartes qu'ils renferment.

Il faut une passion dans le monde, et Macroscelis raffole du livre. Sa vie est un éternel *steeple-chase* à travers les bouquins. Il est né bibliomane, et mourra dans l'impétinence. Il a, dit-on, laissé à sa famille un fonds spécial pour ses funérailles. M. Lemercier veut être enterré dans une bibliothèque portative dont tous les coins seront remplis de livres, bouquins, etc., le tout traîné par six bouquinistes : il a supplié quelques relieurs, brocheurs, imprimeurs, graveurs, etc., de le suivre chacun avec les attributs de sa profession.

Comme lieu de sépulture, il a choisi la rue des Grès ou *ad libitum* le trottoir du quai Voltaire.

Chapitre 16

Iconographie

Au Muséum se rattachent des dessinateurs chargés d'enrichir la belle collection de vélins de cet établissement : ce sont MM. Werner, Chazal, de Beauregard, Prêtre et Meunier. Ils ont au Jardin un laboratoire, ce qui n'empêche pas qu'on donne des travaux à des étrangers, au préjudice d'hommes qui ont fait leurs preuves. Les préférés sont MM. Oudart, Jacquemart, Riocreux, Vaillant et Mlle Richer qui fait des fleurs comme Redouté, c'est-à-dire fausses de couleur.

L'Iconographie est assez importante pour qu'on porte un soin scrupuleux à ce que chaque être nouveau y soit figuré avec vérité. Les vélins seuls sont un monument unique dans les archives de la science, mais ils ne sont pas classés et les noms sont tels quels. Toujours pour même cause. –O tempora ! o mores !

Chapitre 17

Un animal défini par lui-même et commenté par une autre

Aujourd'hui que, grâce aux progrès de la science, nos descripteurs sont devenus inintelligibles, un parallèle drolatique, entre leur méthode et la méthode réellement naturelle, doit trouver place dans ce livre, qui est destiné à critiquer ce qu'il y a de mal et de mauvais dans la science.

Le sujet le plus piquant à choisir est l'homme *scientifiquement défini* comme on le verra au commencement de ce chapitre, et pour plus d'impartialité défini avec sa bizarrerie et en son vrai portrait par un être d'une autre espèce.

Martin l'ours, accompagné du singe, faisait, un jour de la dernière semaine, une promenade de santé dans le Jardin-du-Roi. Dans une allée du labyrinthe, l'ours heurta de son pied un vieux bouquin oublié là par mégarde, le livre s'ouvrit et laissa voir ce titre : Historia naturalis. Le singe s'en empara aussitôt, le retourna en tous sens et finit par s'arrêter à un passage qui parut l'intéresser vivement.
-Que fais-tu là, lui crie l'ours en se retournant...Arrive donc !...
-De grâce, cher ami, veuille m'attendre et m'aider de tes lumières, afin de savoir de quel animal il peut être ici question.
Et le singe, s'asseyant sur l'herbe, lui lut ce qui suit :

« *Homo diurnus*-Linn. Kindunatherion-Gm.
Ordre des Bimanes. Formule dentaire : deux incisives cunéiformes quadrilatères et tranchantes ; canines à couronne conoïde ; molaires à quatre ou cinq tubercules. –Appendices thoraciques grêles et terminés par une expansion palmée digitale, dont une des divisions internes est opposable. –Appendices ischiatiques ayant à leur extrémité une surface plane également digitée, formant postérieurement une saillie calcanéenne ; -ongles plats- mamelles pectorales et au nombre de deux – station verticale. La tête couverte de poils fins déliés, et quelques autres

parties du corps couvertes de filaments d'autre sorte : -peau nue. Appareil visuel disposé de manière à ce qu'il ne peut regarder que devant lui. – Organe olfactif ayant pour siège un prolongement rhinique. –Organe de l'audition disposé de chaque côté de la tête et garni d'une conque à anthélix cartilagineux qui recueille les sons.

....

....

....

..........................-Habitudes sociales. –Nourriture omnivore.

-Quel singulier animal, s'écrie l'ours en se signant, jette ce grimoire et suis-moi.

-Non pas, répond le singe : je veux en avoir le cœur net. Justement voilà le chat de M. de Blainville qui vient de ce côté ; il nous dira ce que c'est.

Nos deux amis s'avancent vers Raton et lui confient leur embarras. – Raton prend le livre avec la gravité d'un membre de l'Université, examine longtemps le passage et dit d'un ton doctoral : « Le texte porte Homo…c'est de l'homme qu'il est question.

-Mais que dit-on de l'homme ? demande Martin…

-Le texte est fort embrouillé, répond Raton, et comme ces lignes sont écrites par l'homme lui-même, je les soupçonne empreintes d'une grande partialité, et les déclare par conséquent indignes d'un sérieux examen.

-Ecoutez, s'écrie le singe, il me vient une idée ; Raton a raison : tant que l'homme écrira sa propre histoire, il flattera nécessairement son portrait et emploiera tel langage, que nous, pauvres animaux, n'y verrons goutte. Il est temps néanmoins que nous sachions à quoi nous en tenir sur ce despote, qui profite de notre ignorance pour nous mettre en charte privée. Je propose donc que l'on choisisse parmi nous un animal intelligent, qui se livrera pendant un mois à une enquête minutieuse sur l'homme physique et moral, et au bout de ce temps, fera connaître à ses frères, réunis en assemblée générale, le résultat de ses recherches.

-L'idée est bonne, répond le chat ; ainsi donc charge-toi de ce soin ; je te fournirai des matériaux et Martin réunira le ban et l'arrière-ban de nos amis.

Un mois après, quand tout le monde fut plongé dans le sommeil, les animaux convoqués par l'ours se réunirent dans le labyrinthe : le singe grimpa sur le cèdre du Liban et lut à la foule attentive le discours suivant :

Mes chers camarades,

L'homme est un animal blanc, noir, rouge ou jaune, répandu sur toute la surface du globe, ayant partout à peu près la même manière de vivre, exprimant des idées par la parole et se servant le plus souvent de la parole pour ne rien dire ou pour fausser la vérité. Il use de ce moyen de manifestation pour dire de bonnes choses et pour en dire de mauvaises ;

pour donner de bons conseils et de sages leçons, ou pour prononcer des discours académiques, constitutionnels, financiers ou populaires. On paie certains hommes pour parler et d'autres pour se taire. On rit quand les uns parlent, et quand d'autres parlent on pleure. Quelquefois on arrête ceux qui parlent et l'on jette en prison ceux qui ne veulent pas parler.

L'homme a, outre la parole, la faculté de siffler comme un serpent, de chanter comme un rossignol, de crier comme un paon, de glousser comme un dindon, et ceux qui ont poussé le plus loin l'art de faire toutes ces choses sont payés par ceux qui sont plus bêtes qu'eux, ou qui n'ont pas eu le temps de développer leur aptitude sous ce rapport.

L'homme est fait pour se tenir droit, et pourtant c'est la position qui lui semble la plus incommode : car il se couche, s'assied, se courbe, s'incline, se plie, se tord, sans que cela soit nécessaire. Ses jambes et ses pieds, créés d'abord pour la marche, ont été ensuite appliqués à d'autres usages aussi agréables que multiples. Les rois s'en sont servis pour frapper dans le derrière leurs fidèles sujets ; les sujets pour se casser les os des jambes. D'autres ont appris à remuer les jambes de différentes façons, et comme le corps suit les jambes, ils ont pu marcher en avant, en arrière, sauter sur un pied, puis sur l'autre et cet exercice, qu'on appelle la danse, a été regardé comme une partie essentielle de l'éducation. Il est vrai que l'on s'en est servi pour satisfaire des passions qui ne sont pas dansantes, et que les danseurs et danseuses ont souvent fait des faux pas ; que d'autres, à force de danser, ont gagné des pleurésies, des phtisies, des maladies du larynx, et que ceux qui sont morts pour avoir dansé ne dansent plus.

Certains hommes refusant de faire usage de leurs jambes se font traîner en voiture quand ils sont ingambes, tandis que d'autres qui ne peuvent marcher sont obligés d'aller à pied.

L'homme a, outre ses deux pieds, deux mains qui lui ont d'abord servi à prendre sa nourriture, mais comme il a une propension naturelle à innover, il leur a bientôt trouvé un autre usage : il a frappé ses semblables, leur a arraché les yeux avec ses ongles, et les cheveux avec ses doigts. Quand le bienfait de la civilisation eut pénétré parmi les nations, il a, comme chef d'État ou comme fonctionnaire public, mis ses mains dans les poches de ses administrés. Ceux qui n'ont personne à exploiter mettent leurs mains dans leurs poches en hiver et derrière le dos en été. Les uns vivent du travail de leurs mains, et d'autres ne semblent avoir de mains que pour porter des gants jaunes et laisser croître leurs ongles.

Quand deux hommes se rencontrent, ils se donnent une poignée de main, et ce langage muet signifie : -Je t'aime, je t'estime, je me moque de toi, je te méprise, je vais te tromper. L'amant se sert de sa main pour dire à sa maîtresse qu'il l'aime, l'enfant pour caresser sa mère, la mère pour donner le fouet à son enfant, le soldat pour tuer ses ennemis, le duelliste pour tuer son frère, et le bourreau pour couper le cou au patient.

On se sert de la main pour affirmer, pour bénir, pour maudire, pour prêter serment, et les gendarmes en ont abusé pour mettre les poucettes à ceux qu'ils empoignent.

Les hommes ont de la barbe et des cheveux. Les uns laissent croître leur barbe et d'autres la coupent. Ceux qui n'en ont pas en voudraient avoir et achètent de la pommade pour la faire croître, et ceux qui en ont, achètent de la pommade pour la faire tomber. Dans l'espère humaine, on reconnaît les divers états à la barbe. Le soldat porte des moustaches, le sapeur laisse croître sa barbe, le républicain a été longtemps à la porter, mais depuis que les épiciers, bonnetiers, pâtissiers, gargotiers, fripiers, ferblantiers, etc., s'en mêlent, la barbe a perdu toute sa signification factieuse.

Les cheveux ont aussi leur valeur. Les hommes qui ne sont pas amoureux de leur personne les font couper ras, mais les dandys, les perruquiers, les garçons coiffeurs, les rapins portent les cheveux longs, se font friser et mettent des papillotes. Longtemps les hommes ont porté la queue, mais on la leur a fait tant de fois, qu'elle a fini par tomber. Chez les femmes, les cheveux ont une très grande importance, aussi les ont-elles disposés de tant de façons qu'on ne les reconnaît plus.

La bouche, organe destiné à la mastication des aliments, a conspiré, de concert avec le ventre, contre la santé du reste du corps. L'homme dédaigne les aliments salubres et recherche ceux qui sont malsains. Dans la race humaine, il y en a qui ont toujours faim et qui n'ont pas de quoi manger, c'est le lot de la majorité, d'autres qui n'ont jamais faim et qui mangent sans cesse.

Les autres animaux se contentent des productions du sol, car elles sont appropriées à leurs besoins ; mais l'homme, d'espèce plus noble, fait venir à grands frais, des contrées les plus éloignées, des mets moins salubres, et qui ruinent à la fois sa bourse et sa santé.

Quand une fois les êtres de cette espèce ont pris l'habitude de manger pour satisfaire leur sensualité, ils deviennent les esclaves de cette passion, et c'est avec des dîners qu'on leur achète leur volonté, qu'on enchaîne leur conscience.

Sous le rapport du boire, c'est bien pis encore ; les autres animaux boivent seulement de l'eau ; mais l'homme boit de tout, l'eau exceptée. Quand il a bu, il ne sait plus ce qu'il dit : il commence par être gai, puis extravagant, puis fou, puis furieux, et enfin il tombe par terre : dans un appartement doré, si c'est un grand seigneur, ou dans la boue, si c'est un chiffonnier. Le premier, déshabillé par ses gens, est porté dans son lit, où on le soigne de la maladie qu'il s'est volontairement donnée. –Le second est mis au violon.

-Mais à propos de boisson, dit le singe en passant sa langue sur les lèvres, je prendrais bien un verre d'eau sucrée…
-Voilà ! voilà ! le verre d'eau demandé ! s'écrie un lori qui fait les fonctions de domestique, et escalade le trône de l'arbre en tenant dans sa patte une noix de coco.
Après avoir bu, le singe s'essuie les babines et continue ainsi :

Sous le rapport rationnel et moral, l'homme est encore évidemment un être à part. La raison, suivant son dire, est une émanation de je ne sais quoi, qui lui a permis de disposer des êtres qui l'entourent, même de ceux de sa propre espèce. Il se sert de la raison d'une façon bien contradictoire. Lorsqu'il est livré à ses propres lumières, il a ordinairement le sens commun ; mais dès qu'il a reçu de l'éducation, il perd la faculté de juger d'après les impressions qu'il reçoit, et ne raisonne plus que d'après ce qu'il a appris. Il ne donne pas l'explication de ce qu'il sait –cela même lui est défendu ; -mais en revanche, il explique tout ce qu'il ne sait pas. Jamais il ne discute sur ce qu'il perçoit par le concours des sens ; mais il ergote à mort sur les choses qu'il ne comprend pas ; et comme il prétend avoir pour les entendre une lumière particulière, il exècre et persécute ceux qui ne veulent pas se rendre à son opinion.

Les choses qu'il désigne par les mêmes noms sont loin d'avoir la même valeur. Ce que l'un trouve très bien, l'autre le trouve très mal, très laid, très mauvais. Ce que l'un appelle vertu, l'autre l'appelle vice. Ce qui est permis et recommandé chez certains est défendu chez d'autres. Ici, l'on comble d'honneurs celui qui a commis telle ou telle action, qui chez d'autres est punie de mort.

Ainsi, ils appellent un grand homme un être humain qui se met à la tête d'un grand nombre de ses pareils et va poursuivre d'autres êtres de son espèce pour les tuer ; puis il pille, viole et réduit en esclavage ceux qui ne peuvent plus se défendre.

Les hommes ont un Dieu qu'ils adorent et qu'ils remercient quand ils ont éprouvé un grand bonheur. Ce Dieu, pour lequel ils se disputent sans cesse, est un être infini et plein de bonté, un symbole d'amour, au nom duquel ils se tuent et se déchirent afin de lui être agréable, et quand ils ont tué beaucoup d'hommes –ce qui devrait être odieux à la Divinité- ils la remercient solennellement.

Il est encore une déesse chérie des hommes, c'est la Liberté ! mais chacun veut la liberté pour soi et l'esclavage pour les autres. Les blancs ont tué les rouges, subjugué les noirs, les jaunes et les gris, et, par opposition singulière, certains hommes défendent les noirs qu'ils n'ont jamais vus, et oppriment les blancs qu'ils ont sous les yeux et au milieu desquels ils vivent.

La justice et l'équité sont des mots que les hommes ont toujours à la bouche ; mais la justice est rendue par des gens trop souvent fort peu intègres, de sorte que l'on condamne aux galères celui qui a volé une carotte avec escalade, parce que l'escalade est défendue, et l'on se découvre humblement devant celui qui a *carotté* des millions à ses concitoyens et a été assez habile pour friser la corde sans y toucher.

On a institué le mariage sous le prétexte insidieux que la femme et l'homme, étant faits l'un pour l'autre, doivent s'aimer toujours quand la loi les a accrochés l'un à l'autre pour l'éternité. On épouse souvent ceux qu'on n'aime pas, et l'on aime ceux qu'on ne peut épouser. La femme jure fidélité à son mari et le trompe ; le mari jure protection à la femme et l'opprime. Ainsi, l'homme a fait de sa femme une cuisinière et une ravaudeuse, et la femme considère son mari comme une machine destinée à satisfaire ses caprices.

Le plus souvent, l'on épouse sur l'étiquette, et l'homme à qui l'on propose une femme ne demande pas : -est-elle grande ou petite, brune ou blonde, laide ou jolie, douce ou criarde, bonne ou méchante ? Il demande seulement : combien a-t-elle ? Si elle a assez d'argent, il l'épouse ; si elle n'en a point, il secoue la tête et s'en va.

L'homme aime ses enfants comme sa propriété et se réserve le droit exclusif de leur donner le fouet. Quand il n'a pas le temps, il en charge un autre, qu'il appelle maître d'école, lequel donne la fessée aux enfants confiés à ses soins, sous le prétexte de leur former l'esprit et le cœur.

Dans les collèges et autres lieux, l'homme apprend tout ce qui lui est inutile, on ne lui parle jamais de ce qui lui servira un jour. Il étudie le grec, le latin et autres facéties, et quand il sort de l'école, il ne sait pas la langue de son pays. Il fait des vers comme des grands poètes des temps anciens et n'est pas en état d'écrire une lettre à un porteur d'eau. Il use ainsi la plus belle partie de sa jeunesse à apprendre des choses qu'il se dépêche d'oublier. Après quelques années d'études, on lui délivre un diplôme en vertu duquel il a le droit, comme médecin, de tuer ses concitoyens sous prétexte de les guérir de maladies qu'ils n'ont pas, ou, comme avocat, de mentir publiquement, de défendre ceux qui ont tort et de faire condamner ceux qui ont raison.

Une partie de l'humanité tend à empêcher l'autre d'agir. Le douanier empêche d'introduire les marchandises prohibées, comme si l'air et l'espace n'étaient pas à tous. Le gendarme arrête ceux qui se promènent sans papiers, car il faut une permission pour se promener. Traversez-vous un champ ?...*Arrête*. –Pêchez-vous dans un ruisseau ?...*Arrête*. –Tuez-vous les oiseaux de l'air ?...*Arrête*. –Dormez-vous dans la rue quand il fait trop chaud ?...*Arrête*. –Dites-vous à un de vos concitoyens : J'ai faim ?...*Arrête*. –Refusez-vous d'aller vous geler pendant deux heures mortelles à la porte d'un établissement public avec le bras chargé d'une arme qui ne l'est pas ?...*Arrête*. –On vous arrête toujours ; chaque fois que vous faites un pas, un geste qui n'a pas été autorisé par la loi ; mais, en revanche, vous avez la liberté de faire tout ce qui vous est permis par les institutions, quand même cela vous nuit et vous gène.

Pourtant il arrive que par un revirement fréquent parmi les hommes, on emprisonne aujourd'hui celui qui crie : *Vive le roi !* et le lendemain, on l'emprisonne s'il crie : *Vive la république !* Les uns l'incarcèrent pour l'obliger à être libre et les autres pour le forcer à être esclave.

La considération est pour celui qui a de l'argent et le mépris pour celui qui n'en a pas. –On admire le riche qui dit une bêtise et l'on rit au nez du pauvre qui dit une chose sensée. On mesure le mérite et le talent de l'homme au chiffre de son revenu, et quand il meurt, on enferme dans un cercueil de plomb, pour le garantir des vers, celui qui n'a rien valu, et on laisse pourrir celui qui valait quelque chose.

Enfin, l'homme c'est l'homme, c'est-à-dire l'être le plus contradictoire de la création, et on peut le reconnaître à ce qu'il passe sa vie à faire ce que lui défendent les lois naturelles et à éviter ce qu'elles lui prescrivent ; aussi est-il parmi tous les animaux, le seul qui se trouve malheureux de voir le jour !

Voilà, Frères, tout ce que j'ai pu recueillir d'observations sur cet être faux et menteur que l'on appelle l'homme. Pour être vrai jusqu'au bout, je dois à la justice de dire qu'il s'est trouvé parmi les humains un être bon et simple de cœur, déplorant la condition où l'homme a voulu réduire l'animalité, et qui m'a fourni pour mon travail toutes les facilités imaginables : je ne saurais mieux faire, pour terminer mon rapport, que de vous citer ici quelques couplets d'une chanson que ce cher poète a bien voulu me dédier.

Vanité des Vanités
Air : Madame Grégoire

L'homme en son esprit,
Se croit très noble créature ;
Sans cesse il rougit
D'appartenir à la nature :
Honteux d'être venu
Dans ce monde, tout nu,
Il proclame que sur la terre
Sa naissance fut un mystère…
Malgré ce qu'il dit,
L'homme est bien petit !

A chaque propos,
Il dit : l'auteur de la nature,
Aux petits moineaux
A soin de donner la pâture…
-Mais que m'importe à moi
Si l'oiseau vit en roi,
Quand je meurs de faim, dans la crotte,
A la porte d'une gargotte…
Malgré ce qu'il dit,
L'homme est bien petit !

Cirons et chameaux,
Du plus grand au plus petit être,
Tous les animaux
En l'homme doivent voir un maître.
Ainsi parle un faquin
Sur le bord africain,
Lorsqu'un lion de son repaire
Sort, et sujet peu débonnaire,
Croquant son roi, dit :
L'homme est bien petit !

A ses courtisans
Un prince disait : « Dans l'histoire,
Je vivrai longtemps,
L'univers redira ma gloire… »
Mais la colique il eut,
Si bien qu'il en mourut,
Et le plus drôle de l'affaire,
Le cas fut gravé sur la pierre…
Malgré ce qu'il dit,
L'homme est bien petit !

Dieu le créateur,
Voulant achever son ouvrage,
Pour dernier labeur
Modela l'homme à son image…
Mais au divin sculpteur ;
L'œuvre fait peu d'honneur ;
A moins qu'en l'espèce humaine figure
Il n'ait peint sa caricature…
Par le Saint-Esprit !
L'homme est bien petit !

Bravo ! bravo ! s'écrie-t-on de toutes parts…
-Je demande le nom du poète, dit le renard…
-Le poète ! le poète !
-Messieurs, répond le singe, je vais satisfaire votre juste impatience : l'auteur des vers que je viens de vous lire se nomme COQUARDEAU.
-Bravo ! Coquardeau ! Vive Coquardeau et son illustre famille !
-Je demande l'impression du rapport de notre frère le singe, ainsi que les couplets de M. Coquardeau, s'écrie l'ours.
-Et si le projet conçu depuis longtemps de fonder une académie animale recevait son exécution, je demande, dit le cheval, que le singe en soit nommé secrétaire et ce bon M. Coquardeau membre honoraire.

On passe au scrutin, et le dépouillement des votes arrivé, toutes les boules sont trouvées blanches à l'exception d'une seule. On recherche l'auteur de cette protestation, et l'on découvre qu'elle émane d'un chien basset avili par une longue servitude et craignant la vengeance de celui qui, s'il use mal de son intelligence, sait fort bien se servir du bâton.

Quant à l'ours, pour le punir d'avoir joué un rôle dans cette affaire, il lui arriva ce que je vais raconter.

Chapitre 18

L'ours et la Justice humaine

Reprenons l'histoire de plus haut :

Il fut un temps où le Jardin-des-Plantes était à court d'ours.

A la même époque, il existait un homme qui avait un ours noir de Pologne, mais le plus bel ours noir qui ait jamais dodeliné de la tête devant un public parisien. Son maître devant faire un voyage, proposa à la république scientifique de lui vendre son animal. —On ne tomba pas d'accord avec lui sur le prix, mais on lui dit :

-Brave homme, laissez-nous votre ours ; il remplira dignement une place dans notre ménagerie, et, à votre retour, vous le reprendrez.

Le pauvre montreur d'ours partit sur la foi des traités ; car la carotte n'avait pas encore assez profondément pénétré dans les mœurs du peuple pour qu'il pût se défier de ce légume.

Quelques mois après, notre homme revint, son premier soin fut de réclamer son ours qu'il trouva gros, gras, dodu, l'œil vif, le poil lisse, enfin à la cuisine de ces Messieurs il était devenu un véritable amour d'ours.

-Oui-dà, beau sire, lui répondit-on ; vous aurez votre ours quand vous nous aurez payé 400 francs pour sa nourriture.

Le pauvre diable eut beau réclamer, force lui fut de laisser son ours pour payer la pension de l'animal. C'est ainsi que la carotte appliquée à l'histoire naturelle devint cause que la Ménagerie posséda un bel ours noir et pas cher.

Le malheureux propriétaire dépossédé traîna désormais une triste existence, et deux mois plus tard il tombait mort d'inanition dans la fosse de son ancien pensionnaire qu'il était venu contempler pour la dernière fois.

A la vue du cadavre de son maître, l'ours ému d'une tendre pitié prononça ces paroles entremêlées de soupirs : O mon cher professeur, vous dont je n'oubliai jamais les bienfaits, voici enfin une occasion de vous prouvez combien je vous aime !
Cela dit, Martin croqua son précepteur.

A quelque temps de là, Martin vit un jour apparaître dans sa fosse une jeune vierge, sa compatriote, jeune ourse aux manières simples et timides, au minois agréable, au poil lustré. –Telle était la compagne que lui destinait le Muséum. Martin n'ayant pas à choisir, fit un mariage de convenance et s'en trouva bien. Sa moitié le rendit père de plusieurs oursons.
Ceux-ci grandirent à leur tour, formèrent de nouvelles familles, et bientôt les fosses du Jardin du Roi furent insuffisantes pour loger la lignée de Martin et ses nombreux collatéraux.

Un jour donc, l'aréopage du Jardin du Roi, réuni en assemblée extraordinaire, fit comparaître devant lui le malheureux Martin, atteint et convaincu d'un crime dont l'idée épouvante l'esprit.

Les juges, revêtus de leur robe magistrale, avaient pris place sur leur chaise curule, quand l'ours apparut, conduit par deux robustes gardiens et autres gens portant bâton.

Le président annonça que la séance était ouverte ; puis s'adressant à l'ours : -Ton nom ?...
L'ours. –Martin, quatorzième du nom.
Le président. –Ton âge ?...
L'ours. –Six ans et demi.
Le président. –Où es-tu né ?
L'ours. –A Bialystock.
Le président. –Tu es donc sujet du Czar ?...
L'ours. –Non, Monsieur, je suis Polonais.
Le président. –Drôle ! il est défendu de parler politique. –Ta profession ?...
L'ours. –Carnivore plantigrade. (*On entend murmurer* : Le gaillard a de l'esprit.)
Le président. –Pas de jeu de mots, ta profession ?
L'ours. –Prisonnier de vos seigneuries. –Il laisse échapper une larme.
Le président. –Messieurs gardez-vous de vous laissez séduire par ce scélérat. (A l'ours.) Assieds-toi. La parole est à M. Flourens pour l'accusation.
M. Flourens. –Le sieur Martin, âgé de six ans et demi, né à Bialystock, ancien royaume de Pologne, exerçant au Jardin du Roi la profession d'ours, est amené devant notre tribunal sous la prévention d'*être de trop*, crime exorbitant par le temps où nous vivons.

Nous demandons que la peau soit remise à M. Chevreul, pour s'en faire un tapis ; sa chair M. Rousseau, pour des travaux d'anatomie plus ou moins comparative ; ses os à M. de Blainville, pour son ostéologie, etc., etc. Le reste sera donné aux pauvres de l'arrondissement.

Le président, à l'ours. –Qu'as-tu à présenter pour ta défense ?

L'ours. –Rien de plus aisé. Jamais on n'a condamné à la peine capitale un homme ni un ours parce qu'il est de trop.

Le président. –Henri VIII fit exécuter Thomas Morus, parce qu'il était de trop. Ravaillac assassina Henri IV, parce qu'il était de trop. Catherine fit disparaître Pierre III, parce qu'il était de trop. On étrangla Paul 1er, parce qu'il était de trop. Alexandre Alexiowitch, l'empereur Christophe, Sélim II, etc., etc., ont péri, parce qu'ils étaient de trop. –Eh bien ! qu'as-tu à répondre ?

L'ours. –Que je ne suis pas de trop. –Et la loi naturelle ?

Le président. –Intrigant, va, avec ta loi naturelle ! Crois-tu que l'honnête bourgeois, attaqué la nuit par un voleur ait bonne grâce à lui présenter le Code pénal ?...Il est le plus fort, il en profite, nous sommes tous dans le même cas. Ainsi, en raisonnant comme tu fais, tu contribues à aggraver ta position.

L'ours. –Que peut-il m'arriver de pis que d'être tué ?

Le président. –Bah ! tu crois cela...Etre fusillé avec un Gisquet...

L'ours. –Horreur ! je demande à être défendu par mon avocat, M. Maissiat.

Le président. –Qu'il paraisse.

Le docteur Maissiat. –Messieurs, l'ours est depuis le commencement du monde l'ami le plus fidèle de l'homme ; il a horreur du sang : des fruits, des racines, voilà sa nourriture ; vie simple et frugale, digne de nos aïeux ! Et vous iriez porter sur cet animal une main sacrilège !...Oh ! non ! –J'ai prouvé dans un travail récent (p.216), l'excellence de l'ours. (L'avocat tire un in-folio de 900 pages, petit texte, écrit sur les vertus sociales de l'ours).

Le président s'oppose à la lecture de cette brochure.

« En résumé, Messieurs, s'écrie alors M. Maissiat,

Cet animal est fort méchant
Quand on l'attaque il se défend

« Dieu le fit pour ce, et voilà l'ours. Jamais dans son état de nature cet animal n'a manqué à l'homme. Jamais, fut-ce même dans l'aveuglement de la mort présente, l'ours n'a porté sa dent sur l'homme : il en subit, sans résister, toute la domination, jusqu'à la mort cruelle.

« Car il y a eu sur le Jura des luttes mémorables, des chasseurs foulés dans des passes étroites et d'atroces coups. La mère abattue sur son petit, et l'autre petit encore qui ne savait quitter la mère ; jamais l'homme n'y a été blessé par l'ours.

« Il est vrai qu'une fois par siècle, l'ours s'est défendu d'avance contre de belles vaches, effrayé peut-être par les énormes cloches qu'elles portent au cou : quoi qu'il en soit, pardonnons l'abus, et acceptons l'ours ; voyons-le de bon œil.

« Pour le dire, nous tenons à l'ours et à sa réhabilitation pour raison de sympathie. Comme lui, nous aimons les montagnes, leur plein air, leur paix : et, pour notre part d'homme, nous en goûtons le religieux silence et les splendeurs de vue, ou les magnifiques clameurs qu'on y entend lorsque les grandes oscillations atmosphériques passent *au maximum* ; dans ces grands jours que la montagne parle avec tous les météores, qu'elle se baigne dans l'orage et y secoue sa noire chevelure sous les grandes étincelles qui la piquent, pour reprendre bientôt sa paix naturelle, dès qu'un soleil doré sera venu ranimer son front. Laissons-y l'ours : est-ce donc un mal qu'une montagne fasse un peu peur ? Nous aimons bien l'orage. L'ours sied aux montagnes : il sied aux plus belles ; c'en est l'ornement mobile qui les anime, comme un bijou anime l'éclat d'une beauté humaine. Bientôt il n'y aura plus d'ours au cou des montagnes : sa malheureuse dent défensive a fait mettre à prix la tête de l'ours comme celle d'un féroce. N'était-ce point assez déjà que d'avoir bouleversé son existence en bouleversant les forêts dont il est l'habitant aussi naturel, aussi inoffensif que tant d'autres que la loi protège : le sanglier a tué plus de chasseurs que l'ours n'en a effrayé.

« Ne nous défendons pas nous-mêmes d'avance comme des timides : laissons vivre l'ours pour le voir dans sa beauté native, non souillé d'aucune fange ; laissons-le vivre pour laisser complète la création ; laissons-le vivre, ne fût-ce que pour nos Muséum, nos glorieux Muséum.

« Nous plaçons l'ours sous la même sauve-garde que ses forêts : forêts et ours, tout va bientôt disparaître dans cette fureur matérielle de remuement qui nous agite ; on dirait qu'on n'a pas le temps de vivre, ni de cultiver la pensée, sinon pour lui faire enfanter des locomotions dévorantes, dévorantes de tout, comme de l'espace, de la paix, de la pensée, même de l'homme en chair et par hécatombes, au lieu de se promener sur la terre dignement comme des hommes et d'avoir les yeux sur la création qui est cependant assez belle.

« Vous n'avez pas réfléchi, âmes de bronze et d'acier woods, au crime que vous alliez commettre. –Non, vous ne me direz pas que certains ours mal élevés ont dévoré des chasseurs…Contes que tout cela ! C'est sans le faire exprès que cela leur est arrivé ; mais par malice, jamais !

« Oh ! Messieurs, une forêt sans ours est une jolie femme qui n'a qu'un œil, un sergent de ville sans épée, un institut sans astronome...-Aussi, moi, Messieurs, oui, moi, je vais demander au roi de faire multiplier les ours dans les bois de Boulogne, à Meudon, à Chaville, à St-Germain pour l'agrément des promeneurs. *On rit.*

L'avocat se retire en pleurant, et ses dernières paroles sont : *Beati ursorum amici, infelices eorum inimici !*...

L'ours est altéré ; il demande un verre d'eau sucrée.

Le président. −Ainsi il est bien entendu que le sieur Martin est condamné à mort pour que sa peau, sa chair et ses os soient appliqués à l'usage que devant. (*L'ours pleure.)*
Le président. −Tiens, mon ami, prends ce paquet de poudre *arctoctone* et avale-moi cela. Tu passeras sans douleur.
L'ours avale la poudre ; le tribunal attend en silence l'effet du poison...Rien...L'ours se lève, et au lieu de tomber mort il danse le cancan. −On lui apporte un second poison, -même effet. −Un troisième, -encore. Enfin, quand l'ours a absorbé 3 kilos d'acétate de morphine, 1 kilo de strychnine et 3 onces d'atropine, on le déclare inempoisonnable. − Quel genre de supplice infliger à ce monstre ? s'écrie-t-on.
-Attendez, répond l'ours, puisque je suis destiné à mourir, que le sort en soit jeté. Je demande pour mettre fin à ma misérable vie d'assister à une leçon de M. Blainville.
-Insolent, s'écrie le professeur...qu'on le fusille, tant pis pour la peau, tant pis pour les os.

Sa motion est adoptée. Tous les garçons jardiniers, gardiens, etc., sont mis en réquisition, et l'ours conduit dans une basse fosse servit de cible à ces messieurs pendant dix-neuf heures. Enfin un maladroit l'ayant touché au cœur, son âme d'ours passa dans un meilleur monde !

Chapitre 19

Moralité

Un soir, en finissant mon livre, je rêvassais dans mon fauteuil, le cerveau plein de mon sujet. Tout à coup le sommeil s'empara de moi et je me trouvai comme par enchantement dans le labyrinthe du Jardin des Plantes. Là, j'aperçus un groupe de jeunes hommes qui s'entretenaient avec chaleur. –Je les suivis en me glissant dans les buissons pour écouter leurs discours. Mais ils parlaient tous ensemble et faisaient tant de bruit, que je ne pouvais saisir ça et là que quelques lambeaux décousus de leur conversation.

Enfin, arrivés en face du lieu où reposent les centres de Daubenton, ils s'arrêtèrent et se formèrent en plusieurs groupes. Les hommes du premier groupe commencèrent à psalmodier d'une voix creuse et basse les paroles suivantes, dans une langue barbare que leurs maîtres leur ont dit être du latin, -et ils entremêlaient leurs plaintes et leurs chants :

-Ab inventoribus subdivisionum aeternacum, libera nos, Domine !
-Ab anthropologistis cretinibus, libera nos, Domine !
-Ab adoratoribus intelligentiae humanae et deprecatoribus rationis animalium, libera nos, Domine !
-Ab aeternis classificatoribus vertebratorum et invertebratorum et a creatoribus nomenclaturarum ridicularum, libera nos, Domine !
-Ab doctis sine scientia et a professoribus superbis, libera nos, Domine !
-A Championibus cosmogoniae mosaicae, libera nos, Domine !
- Et a prole corum…
-Amen !

Ces jeunes hommes étaient devenus silencieux. Les bras croisés sur la poitrine, ils paraissaient plongés dans une méditation profonde, quand je vis s'avancer vers eux une femme dans tout l'éclat de la beauté, tenant sous un des plis de sa tunique un miroir si brillant qu'il éblouissait les yeux.

-Jeunes hommes, leur dit-elle, j'ai entendu vos prières et je viens à votre secours. Ceux dont vous demandez à être délivrés sont mes plus terribles adversaires. En position de faire le bien et d'éclairer les hommes, ils font le mal et perpétuent les préjugés et l'ignorance.

Ne croyez pas aux savants, jeunes hommes, car ceux qui ont pris ce nom sont mêlés de charlatans, de prestidigitateurs scientifiques qui font servir la science à leur propre bien-être, sans s'occuper de la propager.

Le vrai savant est modeste, et ils sont orgueilleux de leur vain savoir. Le vrai savant aime la science pour elle-même ; et pour l'amour de moi, il vit pauvre, inconnu, dédaigné. –Pour les autres, la science est le marchepied dont ils se servent afin d'arriver à la réputation, aux dignités, à la fortune.

Le vrai savant étudie la nature comme un grand livre, où l'homme apprend à vivre de la vie véritable ; il parle à tous et pour être compris de tous ; il fait de la science un flambeau, un phare pour éclairer ceux qui vivent dans les ténèbres ; il étudie les faits, les lie entre eux, généralise sobrement sans bâtir de système ; il n'affirme que ce qu'il sait : il est plus philosophe qu'il n'est savant, et sa philosophie n'est pas celle que mes ennemis enseignent.

Ne croyez pas à la science des charlatans, jeunes hommes. La science ne consiste pas dans l'érudition stérile de mots barbares, de systèmes hasardés, de détails insignifiants, bagage qui surcharge la mémoire sans éclairer l'esprit.

-Femme, qui es-tu ? lui demandèrent les jeunes hommes.
-Je suis la Vérité, répondit-elle. S'il en est quelques-uns d'entre vous qui veuillent jeter les yeux sur ce miroir, ils reconnaîtront s'ils m'aiment véritablement.

En disant ces mots, elle tira un miroir de dessous sa robe et le présenta aux jeunes gens. –Chacun d'eux s'approche et y jette les yeux.

En ce moment, il y eut une confusion impossible à décrire. Les uns tombèrent à terre frappés de cécité ; les autres ne l'eurent pas plus tôt regardé, qu'ils s'enfuirent à toutes jambes ; d'autres enfin se cachèrent dans les buissons. –Deux seulement fixèrent le miroir sans baisser les yeux et sans clignoter.

La Vérité s'approcha d'eux, leur déposa un baiser sur le front et leur dit : -Suivez-moi !

Elle conduisit ses deux adeptes dans une réunion de professeurs, et, chemin faisant, elle leur dit : -Adressez-leur des questions sur les points obscurs de la science, et ils répondront, non pas comme ils ont coutume de le faire, mais comme ils devraient toujours répondre.

Ils entrèrent. La Vérité se rendit invisible ; son miroir seul répandit une faible lueur.

Lors s'adressant aux professeurs : -Messieurs, dirent les deux jeunes hommes, depuis longtemps nous assistons à vos leçons, et comme nous sommes amis sincères de la science, nous venons vous soumettre quelques doutes qui se sont élevés dans nos esprits.

-Que veulent ces indiscrets ? se dirent les professeurs, et pourquoi viennent-ils nous troubler par leurs questions ?
-Messieurs, répond l'un des jeunes gens, êtes-vous véritablement savants ?

Ici la Vérité promène sur eux son miroir, et chacun fait une piteuse grimace.

-Hélas ! non, s'écrient-ils ; mais puisque les sots nous appellent des savants, nous nous laissons faire, et à force de l'entendre répéter, nous avons fini par le croire.
-Croyez-vous à la science, poursuivit le jeune homme.
-Nous enseignons ce que nos devanciers nous ont appris, et nous nous sommes fait un long grimoire que nous avons appelé la science.
-Connaissez-vous la vraie science ?…

A cette question, les professeurs se regardent ; chacun marmote à son voisin : -Et vous ? –Quelques-uns dirent oui, la plupart non ; mais le front de tous était couvert de sueur.

-A quoi nous sert la science ? et pourquoi êtes-vous ici ?…
-Nous sommes ici, parce que la position est commode et facile, et que, sous prétexte de science, nous vivons grassement, gaîment et agréablement. Au moyen de la science, nous commandons, nous régnons. En jouissance du monopole, nous le défendons de notre mieux par nos écrits, par nos paroles et les efforts de nos amis. Nous nous sommes unis en travers de la porte du temple, parce que si tout le monde pouvait y entrer, nous serions bientôt à l'étroit et finalement supplantés.
-Pourquoi tendez-vous à faire de la science un arcane ?…
-Parce que…
-Pourquoi êtes-vous fiers, pédants et vaniteux ?
-Parce que…

On ne put jamais tirer d'eux d'autre réponse ; mais ils étaient tous –à l'exception de deux ou trois- devenus verts, verts, verts ; les yeux leur sortaient de la tête et leurs poings étaient convulsivement serrés.

Les plus sages se retirèrent, les autres, d'un commun accord, se levèrent et passèrent dans une salle voisine où la Vérité les suivit avec ses deux adeptes qu'elle rendit invisibles en les touchant du doigt.

La salle dans laquelle ils se réunirent étant tendue de noir. Au plafond, brûlait une lampe sépulcrale, et autour des murs étaient dressés des bustes représentant les hommes auxquels ils rendaient hommage : c'étaient Bobinot, Gros-Guillaume, Garguille, Gorju et Debureau, couronnés de fleurs toujours nouvelles.

En entrant, les professeurs avaient pris un encensoir et s'étaient mis à encenser chacun des illustres personnages que je viens de nommer.

Puis ils se réunirent autour d'un immense globe de baudruche appendu au plafond au moyen d'une simple ficelle, -ce qui donnait à ce ballon un mouvement oscillatoire incessant.

Sur ce globe étaient écrits ces mots :

Science Moderne.

Au-dessous était un trépied avec un cendrier et une plume d'oie.

Chacun des professeurs prit la plume à son tour et essaya vainement de tracer son nom en gros caractères sur la mobile machine. Le moindre contact la faisait se déplacer ; elle allait, venait, tourbillonnait, pirouettait : c'était une rotation fatigante à voir.

M. de Blainville avait, -avec une patience opiniâtre, et au bout de vingt-cinq années d'un travail assidu, -tracé quatre lettres de son nom. M. de Jussieu en avait tracé une. Quant aux autres, au premier attouchement, le ballon tournait, tournait, et c'était chaque jour à recommencer. Et chaque jour les voyait accourir de nouveau, car leur unique occupation était d'inscrire leur nom sur le globe de baudruche.

La séance de ce jour dura deux heures.

La Vérité, ennuyée de cette fastidieuse gymnastique, piqua d'une épingle le ballon, qui laissa échapper avec une sifflement prolongé le vent qu'il contenait.

Ce fut un cri de surprise et de terreur, quand les professeurs virent que leur ballon flasque et désenflé, n'était plus qu'un triste sac de peau. Ils s'arrachèrent les cheveux et il s'opéra dès-lors en eux un changement extraordinaire qui leur est resté. Le nez de M. de Jussieu s'agrandit ; les yeux de M. Valenciennes devinrent mats et ternes, et son visage se bourgeonna ; M. Brongniart fils devint blême ; M. de Blainville, qui ne pouvait gagner qu'à changer, resta ce qu'il était.

Tout-à-coup, la Vérité éclaira de son miroir les parois du mur, renversa d'un souffle les bustes adorés et montra du doigt aux assistants un vaste livre ayant pour titre :

Philosophie.

Au bas étaient inscrits les noms de

Bernard de Palissy,
Rabelais,
Montaigne,
Newton,
Franklin,
Buffon,
Delamethrie,
Darwin,
Linné,
Adanson,
L. de Jussieu,
Laplace,
Lamarck,
Geoffroy.

Puis elle leur dit :

-Les hommes dont les noms sont inscrits sur ce livre passeront à la postérité, et pour eux s'ouvrira le temple de l'immortalité. Quant à vous, si vous persistez à suivre une voie fatale, vous survivrez à votre renommée passagère, et la génération qui grandit ne connaîtra pas même vos noms.

En disant ces mots elle sortit, et chaque professeur, en rouvrant les yeux, se trouva sur la tête un bonnet de coton avec un ruban bleu, soutenant de chaque côté un cornet de papier.

-Ici je fus réveillé par ma portière qui m'apportait une lettre. – Cette lettre venait de mon éditeur. Je me hâtai aussitôt de résumer mes impressions de la nuit dans le présent chapitre qui me semble devoir convenablement terminer mon œuvre.

Et maintenant, mon livre, allez votre train, je vous donne ma bénédiction paternelle. Faites votre chemin dans le monde, je vous recommande aux hommes d'esprit et d'indépendance !…Allez !

Notes

Lettres patentes concernant l'établissement du Jardin royal des Plantes (du 6 juillet 1626)

Veu par la Cour les lettres-patentes données à Paris au mois de janvier 1626, par lesquelles le dict seigneur (le roi Louis XIII) veut et ordonne qu'il sera construit un Jardin royal en l'un des fauxbourgs de cette ville de Paris, ou autres lieux proches d'icelle, de telle grandeur qu'il sera jugé propre, convenable et nécessaire par le sieur Herouard, premier médecin du dict seigneur pour y planter toute sorte d'herbes et plantes médicinales ; du quel Jardin le dict seigneur accorde la surrintendance au dict Herouard et à ses successeurs premiers médecins et non autres, etc. La dicte Cour a ordonné et ordonne que les dictes lettres seront enregistrées au greffe d'icelle, pour jouir par l'impétrant de l'effect contenu en icelles.

Règlement de la première ouverture du Jardin royal des Plantes, pour la démonstration des plantes médicinales, en 1640

Qu'aucun n'entre au Jardin avant les six heures ordonnées pour la démonstration, et que le démonstrateur et premier jardinier n'y soient ;
Que chacun y arrive à l'heure destinée, autrement ne seront reçus ;
Qu'aucun n'y demeure après la démonstration faite, si ce n'est par la permission du démonstrateur, et en présence du principal jardinier ;
Que l'on n'y entre en foule, mais de rang et paisiblement ;
Qu'aucun n'y entre avec longue vesture ;
Que l'on ne vague point de côté ny d'autre, se tenant chacun attentif à la démonstration, sans s'éloigner de la compagnie ;
Que l'on ne traverse point sur les quarreaux ; mais que l'on suive

pas à pas le démonstrateur ;

Que l'on prenne garde à ne pas fouler et marcher sur les bordures ;

Que l'on ne se courbe pas sur les plantes ;

Qu'aucun ne ceuille ny feuille, ny fleur, ny tige, ny grêne ;

Qu'aucun n'arrache de plante, quelque petite qu'elle soit ;

Qu'aucun ne fasse des questions pendant la démonstration ;

Qu'aucun n'attente rien contre la volonté du démonstrateur ;

Que chacun aye des tablettes pour écrire ce qui sera enseigné ;

Que chacun occupe ses yeux et ses oreilles et donne trève à ses mains, si ce n'est pour escrire ;

Et qui contreviendra à ces justes lois, soit réputé indigne d'aborder nos parterres.

Le 7 janvier 1699, le roi Louis XIV signa un règlement qui donnait à son premier médecin la surintendance générale du Jardin.

Ce règlement fut confirmé par des lettres-patentes du roi, en date du 9 mai 1708, portant que son premier médecin et ceux qui lui succéderaient dans la charge, eussent l'entière direction du Jardin.

Le 14 février 1708, le roi, par un nouveau règlement, fixa les exercices de chaque professeur, établit deux démonstrateurs des plantes et un démonstrateur d'anatomie et de chirurgie.

Plus tard, le 31 mars 1728, le duc d'Orléans régent, au nom du roi Louis XV, déclara qu'à l'avenir la surintendance du Jardin royal serait distincte et séparée de la charge de premier médecin.

Le 12 juin 1745, le roi Louis XV signa, au camp sous Tournay, un brevet de démonstrateur du cabinet du Jardin royal en faveur de Louis-Jean-Marie Daubenton, docteur en médecine de l'Académie des sciences.

Le 10 juin 1793, la Convention nationale rendit un décret relatif à l'organisation du Jardin national des Plantes et du Cabinet d'histoire naturelle.

Ce décret était divisé en quatre titres.

Le premier, relatif à l'organisation de l'établissement, porte que le but principal du *Muséum* est l'enseignement de l'histoire naturelle, appliquée principalement à l'avancement de l'agriculture, du commerce et des arts.

Tous les officiers du Muséum jouiront des mêmes droits.

La place d'intendant du Jardin est abolie[7] ; le traitement r »parti par portions égales.

Un directeur sera nommé tous les ans, au scrutin, pour présider l'assemblée et faire exécuter les règlements.

Un trésorier sera nommé par la voie du scrutin.

Les professeurs nouveaux ne seront admis que par la même voie.

Tous les ans il y aura deux séances publiques où les professeurs rendront compte de leurs travaux[8].

Le titre II traite de la nature des cours :
1/ Minéralogie
2/ Chimie générale ;
3/ Arts chimiques ;
4/ Botanique dans le Muséum ;
5/ Botanique rurale ;
6/ Agriculture et horticulture ;
7/ Deux cours d'histoire naturelle générale ;
8/ Anatomie humaine ;
9/ Anatomie des animaux ;
10/ Zoologie ;
11/ Iconographie naturelle.

Le titre III est relatif à la bibliothèque, dont les éléments seront

---

[7] Lorsqu'après plusieurs siècles d'abaissement, le besoin d'émancipation se faisait sentir et agitait la société tout entière, on crut devoir tout niveler et l'on substitua l'oligarchie, à la direction unique d'un intendant. On ne peut cependant pas se dissimuler que l'autocratie d'un homme comme Buffon, n'ait eu des résultats favorables aux progrès de la science, et je demanderai, si pendant de longues années, G. Cuvier n'exerça pas au Muséum une autorité despotique. La domination presque absolue d'une coterie, est-elle préférable à l'autorité rationnelle d'un seul ? Peut-être cependant touchons-nous au moment où, avec les idées de vote universel qui fermentent dans toutes les têtes, on admettra aux délibérations les aides-naturalistes, les préparateurs, etc. On parait avoir oublié que quel que soit, dans une assemblée, le nombre des délibérants ; il y a toujours une coterie dominante et à la tête de cette coterie un homme qui est réellement autocrate. M. de Gosse, en désignant nominalement une famille comme le centre vers lequel tout gravite, a dévoilé un abus qui se reproduit partout et ne doit pas plus étonner là qu'ailleurs. Encore si cette suprématie était celle de la science, et que ceux qui l'ont acquise se distinguassent par leur bienveillance et leur désintéressement, on applaudirait à l'acquiescement tacite de leurs collègues. Mais sont-ce bien bien là réellement les titres qui ont valu à cette famille une prépondérance si puissante ?

[8] Ces séances sont oubliées depuis longtemps, et beaucoup de professeurs seraient fort embarrassés de composer 5 pages in-18 avec des travaux sérieux faits en dehors de leur cours.

pris, soit dans les doubles de la Bibliothèque nationale, soit dans les maisons ecclésiastiques supprimées.

Le titre IV organise la correspondance du Muséum avec tous les établissements analogues placés dans les divers départements[9]. Cette correspondance aura pour objet les plantes nouvellement cueillies et découvertes ; la réussite de leur culture, les minéraux et végétaux qui seront découverts, et généralement tout ce qui peut intéresser les progrès de la science.

Décret de la Convention nationale adoptant l'agrandissement du Muséum, proposé par le Comité d'Instruction publique, à la séance du 21 frimaire an III.

La Convention nationale, après avoir entendu le rapport de ses comités d'instruction publique et de finance, décrète :

Art. 1er.

Les maisons et terrains compris entre la rue Poliveau, la rue de Seine, la rivière, le boulevard de l'Hôpital et la rue Victor, seront réunis au Muséum d'histoire naturelle.

II.

Les comités d'instruction publique et de finance statueront sur la destination et l'emploi de ces maisons et terrains de la manière la plus utile à l'instruction publique, d'après les plans qui leur seront présentés par les professeurs du Muséum.

III.

Une partie des terrains sera affectée à l'agrandissement des rues adjacentes.

---

[9] Cette correspondance, qui pourrait avoir d'heureux résultats, est nulle : rien n'est prévu pour cela. Au reste, à qui s'adresser ? sera-ce au directeur ? s'il est chimiste, il ne s'intéressera qu'à la chimie, botaniste, à la botanique, etc. Cet échange de lumière serait pourtant très désirable.

IV.

Il sera nécessairement procédé à l'estimation des terrains et bâtiments désignés en l'article 1er, par des experts nommés par le bureau du domaine national de Paris, l'autre par le propriétaire intéressé ; en cas de partage, un tiers-expert sera nommé par la commission des revenus nationaux.

V.

La commission des travaux publics fera acquitter sur les fonds mis à disposition, toutes les dépenses nécessaires pour l'acquisition et disposition des terrains et bâtiments, sous la surveillance des comités d'instruction publique et de finances.

VI.

Il ne pourra néanmoins être fait aucune construction après que les plans en auront été soumis à la Convention et approuvés par elle.

Décret relatif aux dépenses du Muséum d'histoire naturelle

La Convention nationale, après avoir entendu ses comités d'instruction publique et de finances, décrète qu'il sera pris sur les fonds mis à disposition de la commission d'instruction publique :

1/ La somme de 194.889 livres, pour les dépenses du Muséum pour la troisième année républicaine[10] ; et que le traitement de chacun des professeurs sera porté à 5.000 livres[11] ;

2/ Celle de 23.700 livres pour dépenses arriérées ;
3/ Celle de 18.641 livres pour dépenses extraordinaires.

---

[10] Le petit budget de la république, écrasée de tous les côtés par les armées étrangères, lui permettait cependant encore de consacrer près de 200.000 francs à un établissement d'utilité scientifique. Qu'eut-elle fait pour la science, avec notre gros budget ? Mais les conventions comprenaient les choses autrement que les représentants d'un gouvernement à bon marché.

[11] Pour des niveleurs, ils étaient généreux quand il s'agissait de la science et de l'utilité générale.

Le tout conformément aux états présentés par les professeurs du Muséum, et approuvés par le comité d'instruction publique.

Décret portant qu'il y aura au Muséum d'histoire naturelle un troisième professeur de zoologie.

La Convention nationale, après avoir entendu le rapport de son comité d'instruction publique, décrète qu'il y aura au Muséum d'histoire naturelle un troisième professeur de zoologie.

Projet de règlement pour le Muséum national d'histoire naturelle, arrêté par le Comité d'Instruction publique de la Convention nationale, d'après le décret du 10 juin 1793.

Chapitre 1er. Organisation et administration du Muséum

Art. 1er.

Les douze cours dans le Muséum d'histoire naturelle, par la loi du 10 juin 1793, seront faits par les douze officiers actuels de l'établissement.

II.

Sur l'égalité des appointements.

III.

Tous les professeurs auront droit d'être logés dans l'intérieur du Muséum, afin d'être plus à portée de remplir leurs fonctions, lorsque la division des logements aura été établie, autant qu'il sera possible, suivant le principe d'égalité. Le choix de chacun appartiendra aux professeurs plus anciens ; les logements dont jouissent actuellement plusieurs professeurs leur seront conservés jusqu'à leur décès ou démission, pourvu qu'ils les habitent. On réservera une pièce pour chacun de ceux qui ne seront pas logés [12]

IV.

Les professeurs seront seuls chargés de l'administration générale du Muséum ; ils se rassembleront tous les mois, ou plus fréquemment, selon les circonstances, pour délibérer et prendre décisions sur tous les objets relatifs à l'établissement, et sur les moyens d'améliorer l'étude des sciences naturelles.

V.

Le nombre de votants nécessaires pour former cette assemblée sera de la moitié du nombre des professeurs, plus un, pour toutes les délibérations, et de deux tiers au moins pour les élections qui seront toujours faites à la majorité absolue.

VI.

Un professeur sera sensé avoir abdiqué sa place, lorsqu'il refusera ou négligera de remplir ses devoirs ; l'abdication sera prononcée par l'assemblée, et ne pourra l'être qu'aux deux tiers des voix de tous les professeurs.

VII.

L'assemblée nommera à la majorité absolue tous les employés du Muséum, et aura le droit de les destituer aux deux tiers des voix des professeurs dans les cas de prévarication ou de négligence dans leurs devoirs ; ils pourront être suspendus provisoirement de leurs fonctions par le chef sous lequel ils seront employés, lequel sera tenu d'en rendre compte à la plus prochaine assemblée et d'en informer sur-le-champ le directeur, qui lui-même aura un pareil droit sur tous les employés.

VIII.

Le directeur, dont les fonctions et leur durée seront fixés par les art. 6 et 7 de la loi, sera nommé tous les ans au scrutin, à la

---

[12] Que de dépenses inutiles faites au Muséum pour des agrandissements, embellissements d'appartements, etc, qui sentent peu l'égalité. Georges Cuvier n'était-il pas logé comme un ministre ?

majorité des voix, dans le courant du mois de décembre, et il entrera en fonctions le 1er janvier suivant.

IX.

En l'absence du directeur, l'assemblée, présidée par le plus ancien des professeurs, nommera, suivant le même mode d'élection, un des professeurs pour le remplacer provisoirement.

X.

Les professeurs nommeront tous les ans parmi eux, dans la même séance et à la majorité absolue, un secrétaire, lequel entrera pareillement en fonctions le 1er janvier suivant, les exercera pendant une année, et ne pourra être constitué qu'au scrutin pour une année seulement ; en son absence, il sera remplacé comme le directeur.

XI.

Ses fonction seront de tenir la plume dans les assemblées, de rédiger les procès-verbaux des séances, qui seront signés du directeur et de lui, de les inscrire sur un registre destiné à cet effet, de délivrer des copies collectionnées de ces délibérations, et d'avoir la garde des papiers, titres et registres du Muséum, qui seront déposés dans une des salles de la bibliothèque.

XII.

Outre les assemblées de tous les mois, qui auront lieu à jour fixe, le directeur pourra en convoquer d'extraordinaires ; et il sera tenu de le faire sur la simple demande d'un professeur.

XIII.

Le trésorier nommé au scrutin, à la majorité absolue, sera élu tous les ans dans la même séance que le directeur et le secrétaire ; il entrera en fonction le 1er janvier suivant ; sa place sera incompatible avec celle de ces deux officiers. Le même pourra être continué plusieurs années de suite ; mais chaque année par un nouveau scrutin. Ses fonctions seront de recevoir les fonds affectés à l'établissement, et d'en faire la répartition suivant les états arrêtés, ou d'après l'autorisation de l'assemblée.

Chapitre II. Des cours du Muséum

Art. 1er.

Tous les ans, les professeurs réunis fixeront l'ouverture et la fin de chacun des cours institués dans le Muséum. Dans cette distribution, ils auront égard aux saisons propres à chaque genre de démonstrations, et feront en sorte que les étudiants puissent, sans interruption et dans un temps déterminé, suivre le plus grand nombre de cours ; le programme de ces cours, rédigé en français, sera affiché dans Paris et communiqué à tous les directoires des départements, quarante jours avant l'ouverture du premier.

II.

Les professeurs pourront se servir pour leurs démonstrations, chacun dans leur partie, des objets conservés dans la collection du Muséum ; mais il sera pris par l'assemblée des précautions pour que ces objets ne soient ni égarés ni détériorés, et ils ne pourront déplacer que les doubles[13].

III.

On traitera, dans le cours de minéralogie, de la manière d'étudier cette science ; on y démontrera les caractères distinctifs extérieurs

---

[13] On sait que cette partie du règlement est peu suivie, et que chacun soustrait au public studieux les nouveautés, afin d'en avoir le monopole. Triste monopole, quand ce n'est pas celui de l'intelligence. Les greniers et magasins regorgent de choses nouvelles ; mais à l'exception des professeurs et de leurs aides, personne n'y pénètre. Ce sera à qui imposera un nom à un animal nouveau, afin d'avoir la gloire du baptême. Il est juste que le professeur ait sous ce rapport la priorité ; mais que de simples aides y dominent en maîtres, c'est trop, beaucoup trop. Encore faudrait-il que les objets en magasin fussent décrits et dénommés dans l'année qui suit leur arrivée. Il résulte de cette négligence que les ouvrages étrangers contiennent la description d'animaux que nous possédons, longtemps avant qu'ils aient été exhumés de leur suaire.
Ce fait résulte de l'aveu d'un aide qui en faisant la critique de l'article Chat du *Dictionnaire-Universel*, avoua que les magasins contenaient des espèces nouvelles que l'auteur de cet article ne connaissait pas. Il ne doit pas y avoir de monopole dans la science, et si ce monopole existe, il ne le doit que pour les hommes capables d'en faire un usage qui tourne au profit des lumières.

et intérieurs des minéraux considérés dans leur état naturel, sans le secours de l'analyse[14], en les distribuant suivant un ordre méthodique. Le professeur donnera le précis des opinions les mieux fondées sur l'origine, la formation et les différents états des minéraux ; il s'arrêtera particulièrement sur les minéraux utiles aux arts, sur ceux que cache en son sein, ou que présente à sa surface le sol de la France ; il indiquera leurs propriétés et leur emploi. Ce cours sera au moins de quarante leçons.

IV.

Dans le cours de chimie générale, qui sera au moins de quarante leçons, on exposera l'histoire et les principes de la science ; on passera en revue, dans un ordre méthodique, les divers corps qui peuvent être soumis à l'analyse, ou qui en sont le produit. Le professeur, en s'attachant aux minéraux dont les chimistes se sont plus particulièrement occupés, ne négligera pas les analyses animales et végétales qui doivent jeter quelque jour sur la nature des corps organisés ; il présentera les découvertes récentes sur la composition élémentaire des différents corps, et joindra à ses démonstrations une suite d'expériences faites en présence des étudiants et pour leur instruction.

V.

Le cours des arts chimiques, composé d'un même nombre de leçons, sera consacré à l'exposition des procédés des arts qui ont la chimie pour base, et des principes sur lesquels ils sont établis ; les uns et les autres seront présentés avec l'étendue convenable, et accompagnés d'expériences propres à compléter l'instruction des étudiants. Le professeur insistera sur les moyens de perfectionner ces arts et d'établir en France des manufactures chimiques qui

---

[14] Aujourd'hui que la classification des minéraux est fondée sur les caractères chimiques et que l'analyse sert de base aux enseignements de cette science ; la méthode empirique est abandonnée, aussi les marchands de minéraux les connaissent-ils mieux, sur le simple indice des caractères extérieurs, que le professeur le plus versé dans la connaissance des caractères chimiques. On ne peut cependant pas nier que dans les sciences naturelles le caractère empirique ne soit fatalement placé au premier rang. Demandez aux herborisateurs à quoi ils reconnaissent un végétal sous sa forme générique ou spécifique si ce n'est à un ensemble de caractères empiriques qui en constituent le *faciès*, et en déterminent l'individualité.

n'existent encore que chez quelques nations voisines.

VI.

Les premières leçons du cours de botanique dans le Muséum seront consacrées à l'exposition de la physique végétale, de la philosophie de botanique[15], des principaux systèmes ou méthodes de distribution des plantes ; elles seront suivies de la démonstration des espèces vivantes dans la collection du Muséum, et rangées suivant un ordre méthodique. Cette démonstration sera faite dans le Jardin près des individus vivants. Le professeur fera aussi connaître sur les herbiers les genres étrangers les plus importants qui n'existent point dans les serres du Muséum. Il joindra à l'indication des caractères distinctifs de chaque plante celle des propriétés médicinales ou économiques, et il insistera sur les végétaux dont la culture peut ouvrir pour la nation une nouvelle source de richesse. Ce cours sera au moins de quarante leçons.

VII.

Le cours de botanique dans la campagne sera composé de vingt herborisations[16] qui seront faites à différentes époques de l'année ; le professeur qui en sera chargé conduira les étudiants dans les campagnes des environs de Paris les plus fertiles en

---

[15] Bagatelle dont on s'occupe fort peu. La philosophie botanique est demeurée en germe dans quelques ouvrages épars. Depuis, Linné, Marquis de France, et Link en Allemagne se sont occupés de la philosophie végétale ; mais dans nos chaires publiques, l'étude des rapports autres que ceux de méthode sont entièrement négligés. On travaille toujours dans la voie de l'école analytique qui ne veut voir la science que dans la méthode.

[16] Il n'y en a jamais 20. Le critique du cours d'herborisation de M. de Jussieu, faite par M. de Gosse, est vraie, de l'aveu de ceux qui suivent ce cours avec assiduité. Il existe dans toutes choses une routine fatale qui s'oppose au progrès. Quel tribunal citera à sa barre le professeur qui s'engourdit dans une voie qui est sans avenir ? Aucun : il n'est justiciable que de lui-même et devant lui il est sûr de trouver grâce. Mais le public est là qui juge, et l'absence de progrès prouve des résultats fâcheux de cette méthode.
Je travaille en ce moment à une flore des environs de Paris, faite sur un plan essentiellement neuf et qui contiendra des données générales propres à initier les étudiants non pas seulement à la sèche et aride nomenclature des végétaux, mais aux connaissances sérieuses qui doivent faire des botanistes, des hommes studieux et intelligents.

plantes, et les plus variées par leur site et leurs productions végétales. Il aura soin de faire de temps en temps des stations pour démontrer aux étudiants les plantes qu'ils auront cueillies, pour rappeler en peu de mots leurs caractères, leur classification, leurs usages ; pour comparer les individus produits par la nature avec ceux que l'art de la culture a modifiés en les détériorant ou en les améliorant. Il indiquera le site et le sol propre à chaque espèce, de sorte qu'à l'inspection d'un local les étudiants puissent s'habituer à désigner les plantes qui y croissent, ou qu'à la vue des plantes d'un lieu, ils parviennent à déterminer la nature, l'exposition et l'élévation du sol qu'elles recouvrent. Il sera fait, dans le mois de février et mars[17], quelques herborisations destinées à l'étude des mousses, des lichens et de plusieurs autres plantes analogues qu'on ne trouve en pleine végétation que pendant ces mois. On fixera l'attention des étudiants sur les diverses cultures dont le sol des environs de Paris est enrichi.

VIII.

Le cours de culture aura pour objet la pratique de tout ce qui tient à l'art de cultiver les plantes, au perfectionnement du jardinage et des plantations, et à la naturalisation des végétaux étrangers ; le professeur démontrera les plantes propres à la nourriture de l'homme et des animaux domestiques, dans les écoles qui leur seront destinées. Il séparera ce cours en différentes époques, comme sont naturellement séparés les travaux de la culture[18].

---

[17] Ces herborisations n'ont jamais lieu : M. de Jussieu est phanérogamiste et nullement cryptogamiste ; ce défaut lui est du reste commun avec la plupart des botanistes, qui peuvent être divisés en Algologues, Mycétologues, Lichénologues, Muscologues, etc.
Il faudrait également en automne quelques herborisations consacrées à l'étude des champignons. Ce groupe si plein d'intérêt sous le rapport physiologique et organographique, exigerait une étude plus que superficielle : car nombre de méprises n'y a-t-il pas à éviter ; et il manque à l'ensemble des connaissances phytologiques un chaînon plein d'importance si l'on n'y fait pas rentrer l'étude des champignons : et, à plus forte raison, la lacune est plus grande encore, si l'on omet les cryptogames.
[18] Il s'agit d'un cours plutôt pratique que théorique, et le cours actuel est tout théorique et très peu pratique. Il n'y est jamais traité de ces grandes questions d'économie agricole, qui régénéreront un jour la nation énervée par le mercantilisme et l'engouement industriel favorisé par les économistes de l'école d'Adam Smith.

174

Les deux cours de zoologie auront d'abord pour objet de présenter l'histoire de la science des animaux considérés à l'extérieur, et d'exposer les principales méthodes imaginées pour la classification de tous les êtres vivants. On démontrera ensuite, dans l'un de ces cours, les genres et les principales espèces de quadrupèdes, cétacés, oiseaux, reptiles et poissons. Dans l'autre cours, on traitera des genres et des principales espèces d'insectes, de vers et d'animaux microscopiques. Ils seront chacun au moins de quarante leçons. On fera connaître dans ces cours les caractères, l'organisation extérieure, les mœurs et les diverses qualités des animaux. On insistera sur ceux qui sont utiles, soit comme compagnons des travaux de l'homme, soit comme fournissant à sa nourriture, à ses vêtements et à tous les arts. On portera son attention sur les espèces encore inconnues ou non existantes en France, et qu'il serait possible et avantageux d'y naturaliser. Enfin on suivra les animaux jusque dans les dépouilles et les empreintes qu'ils laissent dans les différentes couches de la terre, après y avoir été enfouis.

X.

Le cours d'anatomie de l'homme, qui sera au moins de quarante leçons, aura pour objet de faire connaître l'organisation du corps humain. Le professeur de cette science s'attachera à en perfectionner l'enseignement, et présentera aux étudiants les découvertes récentes. Il cherchera, par des digressions utiles sur l'anatomie comparée, à éclairer la structure de l'homme par celle des animaux. Les parties d'anatomie, convenablement préparées pour les démonstrations, seront exposées aux yeux des étudiants. Il sera donné à cet effet au professeur une salle particulière à sa disposition, et voisine du lieu des démonstrations, dans laquelle ces parties seront préparées sous sa direction.

XI.

Le cours d'anatomie des animaux aura la même durée. Le professeur de cette partie donnera dans les premières leçons une idée générale de l'organisation interne des diverses classes d'animaux ; il choisira dans chacune ceux dont il lui paraîtra convenable de faire la démonstration anatomique, et saisira les occasions de mettre sous les yeux des étudiants ceux dont l'organisation serait moins commune. Il insistera particulièrement sur l'anatomie comparée, soit des animaux entre eux, soit des animaux avec l'homme. Une salle particulière, destinée à ses préparations, lui sera pareillement assignée près du lieu des leçons.

XII.

Le cours de géologie aura pour objet la théorie générale du globe terrestre et surtout des montagnes, les productions volcaniques, la situation et direction des diverses couches de terre, des bancs de pierre, des filons de mines, le dénombrement des richesses minérales propres à tous les départements de la France, et surtout de celles que l'on y exploite, ou que l'on pourrait y exploiter. Ce cours sera au moins de vingt leçons.

XIII.

Le dernier des cours indiqués dans le décret du 10 juin sera consacré à l'art de dessiner et de peindre toutes les productions de la nature. On rassemblera dans une salle destinée à cet effet tous les élèves qui se présenteront pour apprendre cet art. On les formera par les exemples des grands maîtres, et par l'exercice non interrompu, à rendre avec vérité, correction et pureté les caractères, la forme et les couleurs des minéraux, des végétaux et des animaux.

XIV.

Les professeurs du Muséum seront tenus de remplir leurs diverses fonctions avec exactitude, et dans le temps déterminé par le programme. Le directeur sera spécialement chargé d'avertir ceux qui ne se conformeraient pas à la loi et au règlement adoptés, et d'instruire l'assemblée des professeurs des abus qui pourraient s'introduire à cet égard ; l'assemblée s'occupera aussitôt du soin d'y remédier.

XV.

Si une maladie ou une fonction publique, ou toute autre cause, empêchait quelque professeur de faire ses leçons, l'assemblée aurait soin de le faire remplacer provisoirement, soit par un autre professeur, soit par un savant qu'elle choisirait ; elle fixera en faveur du suppléant l'indemnité qui devra être prélevée sur les appointements du titulaire[19].

XVI.

Les étudiants qui auront intérêt à constater leur présence à divers cours, inscriront leurs noms et leur pays dans un registre tenu pour chaque cours, et recevront des professeurs un certificat d'assiduité.

Chapitre III. Établissements formés dans le Muséum pour l'instruction publique. Galeries d'Histoire naturelle. Jardin de Botanique. Laboratoires d'Anatomie et de Chimie. Bibliothèque.

Galeries d'Histoire naturelle.

Art. I.

Les galeries du Muséum destinées à contenir à offrir à l'instruction publique les diverses productions de la nature, présenteront, dans un ordre méthodique, les objets qui appartiennent aux trois règnes[20].

II.

Des inscriptions générales indiqueront, dans les différentes parties des galeries, les grandes divisions des corps naturels en règnes,

---

[19] Il y a de temps à autre un aide ou un préparateur aux galeries ; mais très peu pour faciliter les études des naturalistes ; bien plutôt pour les entraver : car la plupart sont jaloux du travail qui se fait au dehors du Muséum et ils autocratisent dans les galeries.

[20] Presque aucune partie n'est conforme à la nomenclature moderne ; des noms anciens, d'anciennes étiquettes, d'anciens animaux poudreux ou vermoulus, voilà ce qu'on offre aux travailleurs. Il faut en excepter une partie de la Mammalogie, de la conchyliologie et quelques bribes d'entomologie. Le reste est un capharnaüm zoologique. La galerie minéralogique est mieux rangée. Quant aux fossiles, presque tous sans étiquettes ; c'est un petit sanctuaire clos aux profanes. Les étiquettes

classes, ordres, genres ; et, de plus, au-dessous de chaque objet sera placée une inscription particulière portant un numéro relatif au catalogue, la nomenclature générique et spécifique en français et en latin, le nom du donateur, l'indication du pays autant qu'il sera nécessaire.

III.

Chacun des professeurs sera chargé du soin de ranger, dans les galeries, les objets relatifs à la science qu'il enseigne et dans l'ordre adopté pour ses démonstrations. La disposition des pièces d'anatomie de l'homme et des animaux sera confiée aux deux professeurs de zoologie, celle des minéraux au professeur de minéralogie, celle de l'herbier général des racines, bois, écorces, fruits, semences et autres productions végétales, au professeur de botanique dans le Muséum, celle des herbiers particuliers au professeur de botanique dans la campagne[21].

IV.

Il y aura un huissier-concierge des galeries, nommé par les professeurs à la majorité absolue. Ses fonctions seront de garder tous les objets contenus dans les galeries. Il en répondra d'après un état double signé de lui et des professeurs chargés de la disposition de ces objets, et il sera dépositaire de toutes les clefs des galeries du Muséum. Un exemplaire de cet état restera dans ses mains, l'autre sera déposé au secrétariat. Chaque professeur aura de plus l'état des objets relatifs à sa partie.

V.

L'huissier-concierge sera tenu de faire ouvrir, tous les matins, depuis neuf heures jusqu'à midi, aux professeurs chargés de la disposition des galeries, les armoires qui contiendront les objets relatifs à leur partie, afin qu'ils aient le temps convenable de les décrire, de les disposer méthodiquement et de préparer leurs

---

[21] Il n'est plus question de cette partie du règlement. Le professeur se fait suppléer par une personne de son choix, quand rien ne l'empêche de faire son cours. Pourquoi les cours ne sont-ils pas obligatoirement personnels ? Il est ici question non seulement des cours du Muséum ; mais de ceux faits au collège de France ou ailleurs.

leçons. Il leur remettra sur leur reçu, et pour un temps qu'ils seront obligés de déterminer, les objets doubles dont ils auront besoin pour leurs travaux particuliers, pourvu que ces objets ne soient pas de nature à être altérés par le transport. Dans ce dernier cas, et lorsqu'il existera quelque difficulté à ce sujet, la remise ne pourra avoir lieu que d'après une autorisation de l'assemblée.

VI.

Pendant cinq jours, depuis onze heures jusqu'à deux heures, l'huissier-concierge fera ouvrir les galeries aux personnes qui se présenteront avec un billet signé de l'un des professeurs, afin qu'il y ait tous les jours des heures consacrées aux études particulières des naturalistes tant nationaux qu'étrangers[22].

VII.

Les galeries seront ouvertes au public les mardi, jeudi de chaque semaine, depuis trois heures jusqu'à la fin du jour, du 1er novembre au 1er avril, et depuis quatre heures jusqu'à sept, du 1er avril au 1er septembre. L'huissier-concierge sera présent à toutes ces séances, ainsi que l'un des professeurs, chacun à son tour[23].

VIII.

Les professeurs chargés de la disposition des galeries seront secondés dans leurs travaux par quatre aides-naturalistes nommés, sur la présentation de ces mêmes professeurs, par l'assemblée, qui pourra en augmenter ou diminuer le nombre, suivant le besoin de l'établissement. Ces aides attachés aux galeries seront obligés de s'y trouver tous les matins, pour exécuter ce qui leur sera indiqué par les professeurs, ou pour donner les facilités convenables aux

---

[22] Là, comme partout, un savant allemand, anglais ou italien, aura plus d'accès qu'un national. La république, quoiqu'imbue de l'idée de supériorité du *Cives Gallicus* n'avait pas, à une époque de crise, fermé les galeries de son Muséum aux savants étrangers ; mais elle n'avait pas compris que les étrangers eussent le pas sur les nationaux. On aime mieux Burmiester que Strauss, Webb que Guérin, etc., parce que les premiers sont des visiteurs obséquieux tandis que les seconds sont des compétiteurs.

[23] Les galeries ne sont jamais surveillées par le professeur, et l'on doit avouer que cette rigueur dans le service est inutile. La présence du conservateur suffit.

naturalistes qui voudront étudier ; ils s'y trouveront aussi pendant les heures où les galeries sont ouvertes au public[24].

IX.

Il y aura des hommes de service chargés de maintenir la propreté des galeries et d'exécuter les ordres de l'huissier-concierge. Ils seront choisis par l'assemblée sur la présentation de cet officier.

Jardin de Botanique

X.

L'objet de cette partie du Muséum doit être : 1/ Le rassemblement ou la collection du plus grand nombre possible d'espèces de végétaux destinées à l'instruction publique ; 2/ la multiplication et la naturalisation des plantes étrangères qui offrent quelques objets d'utilité ou d'agrément ; 3/ la distribution des semences de ces mêmes plantes dans toutes les parties du monde, et particulièrement dans les départements de la France. Le jardin renfermera non seulement une école de botanique, des serres de toutes sortes, des pépinières de tous genres, mais encore des cultures de porte-graines tant en arbres et arbustes, qu'en plantes étrangères qu'il est important de naturaliser[25].

XI.

Il y aura dans l'école de botanique un individu de chacune des

---

[24] Il y a de temps à autre un aide ou un préparateur aux galeries ; mais très peu faciliter les études des naturalistes ; bien plutôt pour les entraver : car la plupart sont jaloux du travail qui se fait au dehors du Muséum et ils autocratisent dans les galeries.

[25] On y trouve beaucoup de plantes ; mais elles sont d'intérêt purement botanique : quant aux végétaux utiles, on ne s'en occupe pas. Parmentier a pu consacrer sa vie à la propagation d'un seul tubercule ; mais un savant trouve au dessous de lui ces applications vulgaires ; il porte ses vues plus haut, ce sont des diagrammes, des Diagnoses, des dispositions méthodiques nouvelles, etc., etc., d'utilité point. Ce n'est pas un savant qui a introduit le Madia Sativa, le Polygonum tinctorium, etc., mais en revanche c'est un savant qui à force de science a cette année tellement exagéré la maladie des pommes de terre, qu'on les a réellement cru perdues. Or, les savants sont de leur nature anti-applicateurs. C'est une grande lacune dans un établissement qui devrait être le premier de l'Europe.

espèces de végétaux cultivés dans les différentes parties du jardin, parmi lesquelles le professeur de botanique choisira ceux dont il pourra avoir besoin pour ses leçons. Ils seront rangés dans l'école, suivant un ordre méthodique, et étiquetés en français et en latin, avec des signes indicatifs de leur nature, leur durée, leurs propriétés et leur mode de culture[26]. Les arbres et arbustes, ainsi que les plantes vivaces qui supportent notre climat, y seront plantés à demeure ; les plantes annuelles et celles des climats chauds y seront placées[27] à mesure que les saisons le permettront, de manière que la plus grande partie des places de cette école soient garnies de leurs plantes pendant la durée du cours de botanique, et même le plus longtemps possible après sa clôture, pour la plus grande facilité des études.

XII.

Indépendamment de la grande école de botanique qui doit renfermer les espèces distinctes, il sera établi une autre école qui aura pour objet de réunir toutes les variétés d'arbres fruitiers, tant indigènes qu'étrangers, qui peuvent se cultiver en pleine terre dans nos climats ; les arbres y seront rangés dans un ordre réglé par le plus grand nombre de rapports de leurs parties et de leurs qualités. Chaque arbre sera étiqueté comme les plantes de l'école botanique, et ils seront tous placés et soignés de manière ç pouvoir fructifier et fournir assez de greffes pour être multipliés dans les différents départements de la France ; et, de plus, le professeur de culture sera chargé de réunir toutes les dénominations données à ces arbres, afin d'établir une uniformité de nomenclature nécessaire pour toutes les parties de la république[28].

---

[26] On n'y trouve que le nom, le lieu de provenance et la durée, quand tout cela ne manque pas. Quant aux propriétés et au mode de culture, on ne s'en occupe pas et à quoi bon en effet, puisqu'il n'y a que des végétaux sans utilité.

[27] On y trouve peu de végétaux exotiques, et à part les arbrisseaux d'orangerie qu'on place en dehors de l'école, la végétation des climats chauds n'y est pas représentée.

[28] Ce sont les pépiniéristes marchands qui s'occupent seuls de ce soin. Pourtant, de quelle importance ne serait-il pas, qu'un établissement créé dans un but d'utilité, vérifiât les variétés nouvelles qui envahissent le commerce et prennent trop souvent à tort la place des variétés anciennes.

XIII.

Il sera établi une troisième école, destinée aux plantes utiles à la nourriture de l'homme et des animaux domestiques. Ces plantes y seront rangées suivant leurs propriétés ; celles qui servent à la nourriture des hommes occuperont le premier rang ; les plantes propres à la nourriture des bestiaux et des animaux domestiques le second. Chacune de ces espèces ou variétés de plantes sera cultivée en petite masse et non par touffes isolées, afin qu'elles puissent donner des expériences comparatives sur leurs produits, et qu'elles fournissent des graines dans une proportion assez considérable pour être répandues dans les différents départements de la république[29].

XIV.

Toute la partie située au midi du jardin où l'on a commencé des expériences importantes relatives à la naturalisation des grands arbres étrangers au climat de la France et sur leurs qualités, expériences dont les résultats, en apprenant chaque année quelques vérités nouvelles, ne peuvent être cependant complets qu'après l'espace de plus d'un siècle, demeurera invariablement employée à ces expériences séculaires[30].

XV.

Les arbres de ce dernier terrain étant destinés à l'étude de leur port, en même temps qu'à fournir abondamment des graines dans les différents départements, on les laissera croître en liberté. Ils ne seront soumis à aucune opération qui puisse leur faire perdre leurs habitudes naturelles, pour que tout le monde puisse apprendre à les connaître. Ils seront étiquetés en latin et en français.

---

[29] L'école de culture est d'une insignifiance complète ; mais il n'en peut être autrement : quand on est arrivé à faire de la grande culture dans un laboratoire de chimie, et qu'au lieu de comparer les produits matériels, on calcule les productions d'azote et de carbone. C'est encore aux marchands et aux cultivateurs, qu'on doit la connaissance des choses nouvelles et de leurs produits.

[30] Ces expériences séculaires se font sur une si petite échelle, qu'il faut pour les voir une volonté de fer. M. Michaux a plus fait pour la propagation des arbres utiles, que le Jardin des Plantes ; et pourtant à qui reviendrait cette tâche et cet honneur ?

XVI.

Les plantations de la partie la plus haute du jardin (nommée le Labyrinthe) seront remplacées successivement par toutes les espèces d'arbres résineux et par ceux que l'hiver ne prive pas de leur verdure, de manière à multiplier les porte-graines dans cette classe d'arbres si utiles pour les constructions navales et civiles.

XVII.

Le grand bassin carré, destiné à la culture des plantes aquatiques et à celles des arbrisseaux et arbustes, continuera à servir à cet usage, et chaque année on augmentera le nombre des espèces qu'il renferme[31].

XVIII.

Le terrain clos d'une grille, et quis e trouve au milieu du jardin, continuera d'être uniquement consacré à une pépinière pour les arbres et les arbustes destinés à regarnir les différentes plantations des jardins du Muséum.

XIX.

La partie de terrain abaissée qui se trouve près de l'école de botanique, continuera de servir aux semis des végétaux indigènes et étrangers, à la culture et la multiplication des arbustes délicats et des plantes des hautes montagnes ; elle contiendra à cet effet des couches, des châssis, des gradins et tout ce qui est nécessaire à ce genre de culture.

XX.

Les autres carrés placés entre ces deux grandes allées seront divisés en trois parties. L'une servira de pépinière pour la multiplication des plantes vivaces de pleine terre, destinées à regarnir l'école de botanique ; l'autre sera employée à la culture des plantes d'usage dans la teinture, dans la filature et dans les autres arts ; elles y seront multipliées pour que la distribution de

---

[31] Ce bassin est détruit depuis longtemps : les bassins circulaires contiennent quelques plantes communes ; mais il manque une vaste flaque d'eau où l'on puisse cultiver les végétaux aquatiques.

leurs graines puisse en répandre la culture dans tous les départements. Dans la troisième seront cultivées en grand les plantes médicinales vivaces de pleine terre, afin qu'on puisse continuer de donner les produits de leur culture aux pauvres malades ; aux hospices de charité et hôpitaux.

XXI.

Les serres seront assez vastes, et en nombre suffisant, pour élever, conserver et multiplier les végétaux étrangers des climats chauds, utiles aux leçons de botanique[32] ; la plus spacieuse sera destinée à la naturalisation des arbres fruitiers ou d'autres arbres utiles qui croissant dans le voisinage des tropiques et pouvant être acclimatés dans le midi de la France, doivent offrir quelque jour de nouvelles ressources à la nourriture des hommes et à leur industrie[33].

XXII.

Le professeur de culture sera chargé spécialement de surveiller la culture des plantes dans les diverses parties du jardin, de faire recueillir avec soin les graines, de les faire semer dans les temps convenables, de faire disposer dans les serres et hors des serres toutes les plantes de la collection, suivant le climat qui leur convient ; de faire remettre au professeur de botanique du Jardin un individu en bon état de chaque plante, pour être placé dans le lieu des démonstrations. Il cherchera à perfectionner le jardinage et les plantations, à naturaliser les végétaux étrangers, à multiplier les espèces et les variétés utiles ; il correspondra avec les divers départements pour chercher à y multiplier les végétaux dont l'acquisition et la naturalisation peuvent devenir une nouvelle source de jouissance et de richesse pour le pays[34].

---

[32] Les serres sont de nul secours aux leçons de botanique.

[33] Il n'en est question nulle part. On a établi à Alger une école d'acclimatation ; mais au Jardin des Plantes, on ne s'en occupe pas. Pourtant, il y aurait des essais à faire.

[34] Le professeur de culture étudie la physiologie végétale, et ses travaux en culture sont bien minces. Il ne s'occupe que fort peu de remplir ce vaste et beau programme ; quant à sa correspondance agricole depuis 50 ans, elle tiendrait dans un bien petit livre, et le professeur est bien innocent de l'introduction des plantes utiles nouvelles et des perfectionnements de culture.

XXIII.

Le même professeur aura sous ses ordres un jardinier nommé sur sa présentation par l'assemblée, à la majorité absolue ; ses fonctions auront particulièrement pour objet : 1/ la surveillance immédiate de tous les autres jardiniers et ouvriers employés aux travaux de la culture ; 2/ la répartition des plantes dans les diverses parties du Jardin ; 3/ la récolte des graines dans chaque partie ; 4/ les semis et les plantations.

XXIV.

Le professeur de culture continuera d'avoir en exercice cinq garçons jardiniers ordinaires, choisis sur sa présentation par l'assemblée, et mis par lui sous la surveillance immédiate du premier jardinier. L'assemblée pourra en augmenter ou diminuer le nombre, selon le besoin de l'établissement. Chacun d'eux sera affecté particulièrement à une des cinq grandes divisions de la culture ; savoir : 1/ l'école de botanique ; 2/ les serres ; 3/ les couches ; 4/ les pépinières ; 5/ les autres parties du jardin. Néanmoins ils se réuniront sous les ordres de leur chef, pour le service de l'une des divisions, lorsqu'elle exigera un surcroît de travaux commandés par la saison et par le genre de culture. Outre ces jardiniers, le premier jardinier autorisé par le professeur de culture emploiera, comme il a été fait jusqu'à présent, un nombre suffisant d'ouvriers journaliers pour vaquer aux travaux de la culture, et jusqu'à concurrence des fonds ordinaires affectés à cette partie des dépenses du Muséum.

XXV.

Celui des garçons jardiniers affecté à la grande école sera aux ordres du professeur de botanique du jardin, pour tous les objets de culture et d'arrangement des plantes de cette école.

Laboratoire d'Anatomie et de Chimie

XXVI

Il y aura dans le Muséum des salles pour les préparations

anatomiques, et un laboratoire pour les expériences chimiques. Ces emplacements, choisis par l'assemblée des professeurs, seront rapprochés du lieu des démonstrations, et meublés aux frais de l'établissement, des machines, ustensiles et instruments nécessaires.

XXVII.

Les professeurs d'anatomie y prépareront ou feront préparer sous leurs yeux toutes les parties propres à l'instruction des étudiants, et celles qui mériteront d'être conservées dans la collection générale du Muséum.

XXVIII.

Les professeurs de chimie générale et des arts chimiques y feront les expériences nécessaires pour les démonstrations. Les combinaisons résultant des expériences faites dans les cours serviront à augmenter ou renouveler la collection de ces produits destinés à l'enseignement annuel.

XXIX.

Il sera fixé chaque année pour les frais des préparations anatomiques et des expériences chimiques, ainsi que pour les dépenses nécessaires à l'arrangement et au complément des collections renfermées dans les galeries, des sommes dont les professeurs de chaque science disposeront de la manière qu'ils jugeront convenable, et dont ils rendront compte dans les assemblées du Muséum.

XXX.

Tous les livres du Muséum, renfermés dans le local désigné par le décret du 10 juin 1793, porteront le nom de l'établissement, et ceux dont on aura fait présent porteront le nom du donateur.

XXXI.

Il en sera dressé par le bibliothécaire un catalogue, et personne ne pourra emporter un livre hors de l'enceinte du Muséum, sous quelque prétexte que ce soit.

XXXII.

La bibliothèque sera ouverte au public les mardi, jeudi, samedi de chaque semaine, depuis dix heures du matin jusqu'à deux heures ; et le bibliothécaire sera tenu de communiquer les livres à tous ceux qui viendront pour les consulter.

XXXIII.

On renfermera dans une des salles de la bibliothèque les herbiers de la collection, et surtout l'herbier général, pour faciliter aux botanistes la confrontation des plantes sèches avec les descriptions et les figures des auteurs.

Chapitre IV. Des moyens d'accélérer les progrès de l'histoire naturelle et d'augmenter les collections du Muséum.

Art. 1er.

Ces principaux moyens sont : 1/ la publication du catalogue méthodique des objets réunis dans les collections ; 2/ la correspondance avec les établissements analogues et les naturalistes ; 3/ les voyages entrepris pour la science ; 4/ les distributions de graines et de plantes dans les départements, pour les multiplier ; 5/ les échanges d'objets doubles, les acquisitions d'objets nouveaux, et les demandes aux divers départements des productions de leur territoire ; 6/ enfin les dessins des objets nouveaux faits par le professeur d'iconographie et par les élèves.

II.

Chacun des professeurs chargés de l'arrangement de quelque partie des galeries du Muséum, sera tenu d'en faire le catalogue méthodique, suivant l'ordre adopté ; ils seront discutés dans l'assemblée des professeurs, et publiés ensuite en commun sous un titre général[35].

III.

Le professeur de botanique donnera aussi le catalogue des plantes démontrées dans l'école du Jardin, et de celles contenues dans l'herbier général[36], ainsi que de tous les produits du règne végétal renfermés dans les galeries. Celui de culture donnera le catalogue des arbres fruitiers contenus dans l'école de ce nom, des productions végétales nouvellement acquises par la culture, et de celles qu'il aura distribuées aux divers départements.

IV.

Contient les devoirs des professeurs chargés de la correspondance avec les établissements analogues au Muséum et les pays étrangers[37].

V.

Dans la même vue d'augmenter les collections et d'acquérir des connaissances nouvelles, les professeurs saisiront les occasions de faire voyager les élèves instruits, soit dans la France, soit dans les pays étrangers, et surtout dans les contrées éloignées qui n'ont pas encore été parcourues par les naturalistes.

VI.

Le professeur de géologie fera tous les ans, au moins, un voyage pour des recherches relatives à la partie qu'il enseigne, et pour rassembler les principales productions des divers départements, qu'il déposera dans les collections du Muséum [38]; il annoncera

---

[35] Si l'on excepte le nouveau classement de l'école de botanique, qui ne ressemble en rien à celui de Desfontaines, on ne connaît aucun catalogue de ce genre. Pourtant, c'est là que viennent se concentrer tourtes les richesses du globe.

[36] On n'a nulle idée des richesses de l'Herbier, et quoi de plus utile qu'un catalogue sérieusement établi : pourquoi, puisque les professeurs ne font pas le catalogue de cet herbier, ne le laissent-ils pas faire ? En un mot, on ignore, et les professeurs sont dans le même cas, ce que renferment ces collections précieuses.

[37] Rien d'organisé pour les correspondances.

[38] Ce voyage n'a jamais lieu, pourtant il serait indispensable aux progrès de la

son voyage à l'assemblée des professeurs, et lui exposera à son retour le succès de ses recherches. Un fonds particulier lui sera assigné pour les dépenses que lui occasionnera son déplacement.

VII.

Un des objets de l'établissement étant la naturalisation des végétaux utiles qui ne sont pas cultivés en France, les professeurs de botanique, et plus spécialement celui de culture, seront chargés de distribuer dans les départements des graines et des plants de ces végétaux, et d'en faire des envois aux agriculteurs qui s'occupent de cette partie intéressante de l'économie rurale.

VIII.

Lorsque le Muséum aura les moyens d'entretenir dans une ménagerie les animaux vivants de diverses classes, les professeurs de zoologie seront chargés de les décrire, d'étudier leurs mœurs ; ils chercheront également à acclimater, multiplier et distribuer les espèces utiles[39].

IX.

Il sera également distribué des échantillons des minéraux aux établissements analogues au Muséum, placés dans les divers départements et dans les pays étrangers, en invitant les chefs de ces établissements à faire part au Muséum de leurs richesses minérales. Le professeur de minéralogie sera chargé de ce travail, et il en rendra compte à l'assemblée.

X.

Chacun des professeurs chargés de la disposition de quelque partie des galeries, ou du soin des jardins, pourra, avec l'autorisation de l'assemblée, échanger des objets dont elle serait dépourvue, et il rendra compte à l'assemblée du résultat de ces échanges.

---

science. Que fait-on des fonds assignés à ce déplacement.
[39] Même lacune que partout dans la partie d'application.

XI.

Parmi les doubles des minéraux, on choisira les moins connus pour les soumettre à une analyse chimique exacte, et capable de déterminer leur nature.

XII.

Il y aura des fonds annuels affectés à l'acquisition de livres nouveaux, d'objets rares qui n'existeraient pas dans la collection ; ces acquisitions, projetées par les professeurs, n'auront lieu qu'après l'autorisation spéciale de l'assemblée, qui, dans la répartition de ses fonds, aura principalement en vue l'utilité publique[40].

XIII.

Le même motif d'utilité fera conserver dans le Muséum cinq herbiers particuliers, dont quatre renfermeront les plantes des diverses parties du globe ; le cinquième contiendra les végétaux de la France et des environs de Paris ; ils seront disposés dans un ordre méthodique, et le professeur de botanique du jardin pourra dans tous les temps choisir dans chacun de ces herbiers les échantillons nécessaires au complément de l'herbier général. Le professeur de botanique dans la campagne, qui aura la direction des herbiers particuliers, publiera aussi, pour l'usage habituel des étudiants, le catalogue des plantes des environs de Paris, et cherchera à compléter celui des plantes de France[41]. Il sera encore chargé de soigner l'herbier du célèbre Tournefort, existant dans le Muséum, d'en conserver toutes les espèces étiquetées dans l'ordre et avec la nomenclature de l'auteur, pour que cet herbier puisse

---

[40] On ne pourrait affecter trop de fonds à l'entretien des collections, à l'acquisition des livres nouveaux, il y manque beaucoup de choses dans certaines spécialités. Ce qui manque surtout, c'est à la fin des ouvrages étrangers, un sommaire détaillé en français ; il y a des ouvrages précieux qu'on ne connaît pas. Les mémoires de l'Académie de Stockholm et tant d'autres sont dans ce cas.

[41] Il n'existe pas de catalogue des plantes des environs de Paris, cependant, le professeur pourrait avec l'aide des amateurs de botanique faire sur ce sujet un travail plein d'intérêt. Le nouveau Synopsis n'est guère au-dessus des ouvrages anciens ; c'est un catalogue assez discutable.

être journellement consulté par les botanistes qui désireront connaître le nom que Tournefort assignait à chaque plante observée par lui.

XIV.

Le grand recueil de plantes et d'animaux peints d'après nature, confié au Muséum par le décret du 10 juin 1793, et déposé dans la bibliothèque, sera rangé suivant l'ordre méthodique établi dans l'école de botanique. Il offrira des modèles aux élèves du professeur d'iconographie ; il sera pareillement utile pour la démonstration des animaux qui n'existeraient pas dans les galeries, et des plantes imparfaites dans les jardins ou dans les herbiers. Le professeur d'iconographie augmentera chaque année cette collection de huit tableaux du moins, peints par lui sur vélin, et représentant des animaux, plantes ou minéraux remarquables, au choix de l'assemblée des professeurs[42].

XV.

Ceux des élèves de cet artiste qui montreront le plus de talent pourront être employés par les professeurs, sous l'autorisation de l'assemblée, pour dessiner et peindre sous leurs yeux divers objets d'histoire naturelle, et surtout ceux dont l'existence éphémère méritera d'être fixée par le dessin ; l'assemblée leur accordera des gratifications proportionnées à leurs travaux.

Chapitre V. dépense et comptabilité du Muséum

Art. 1er.

Le trésorier recevra à chaque trimestre, au trésor national, les fonds fixés pour les dépenses, tant ordinaires qu'extraordinaires du Muséum ; il paiera aux mêmes époques les appointements et gages des personnes attachées à l'établissement, ainsi que les dépenses qui auront été ordonnées ou autorisées par l'assemblée pour l'entretien des galeries et des jardins, le complément des collections, les différents cours institués dans le Muséum, et la

---

[42] La précieuse collection des vélins, trésor unique en Europe, n'est ni dénommée, ni classée, c'est une œuvre morte pour l'étude.

conservation des bâtiments.

II.

Tous les paiements seront faits d'après des états arrêtés par l'assemblée, et signés par le directeur et le secrétaire.

III.

Les professeurs seront payés sur leur simple quittance ; la bibliothécaire, l'huissier-concierge devront présenter de plus un certificat de service donné par le directeur ; le trésorier exigera du premier jardinier un pareil certificat du professeur de culture sous lequel il exerce ses fonctions. Les gens de service seront également obligés de fournir au trésorier, pour être payés de leurs gages, un certificat de service de celui des employés supérieurs sous lequel ils travailleront ; ces divers certificats seront visés par le directeur.

IV.

Les entrepreneurs de travaux extraordinaires ne pourront être payés par le trésorier qu'en lui fournissant : 1/ l'extrait de la délibération de l'assemblée qui aura autorisé le travail dont il sera question ; 2/ le mémoire réglé ; 3/ le visa du directeur, pour être payé sur les fonds extraordinaires ; 4/ la quittance des sommes qui leur seront fournies. Il en sera de même pour tous les fournisseurs d'objets extraordinaires.

V.

Le trésorier aura deux registres, l'un de recettes, l'autre de dépenses : ces registres seront tenus en bonne forme ; et toutes les fois que le trésorier en sera requis par l'assemblée ou par un officier du Muséum, il sera tenu d'en donner communication.

VI.

A la fin de chaque année, ou dans le courant du mois qui le suivra, le trésorier fera un relevé de toutes ses recettes et de toutes ses dépenses pour en composer son compte par ordre de matières.

VII.

Ce compte sera divisé par nature de dépenses, sous ces titres principaux : 1/ dépenses d'entretien et d'acquisitions pour le jardin ; 2/ dépenses d'entretien et d'acquisitions pour les galeries d'histoire naturelle ; 3/ dépenses d'entretien et d'acquisitions pour l'amphithéâtre, les laboratoires et les cours : 4/ dépenses d'appointements et gages de professeurs, officiers, employés et gens de service du Muséum ; 5/ dépenses générales de l'établissement, et qui, tenant à plusieurs de ses parties, ne peuvent être classées dans l'un ni dans l'autre des titres précédents ; 6/ enfin dépenses extraordinaires.

VIII.

Chaque article de dépense sera appuyé de pièces justificatives, lorsqu'elles passeront une somme de 6 livres, excepté cependant les dépenses de gagne-deniers, les journées d'ouvriers, les commissions, ports, transports et autres semblables dépenses pour lesquelles il est impossible de tirer les quittances.

IX.

Le trésorier fournira deux copies de son compte, l'une pour être déposée dans le secrétariat du Muséum, l'autre à laquelle seront jointes les pièces justificatives et le visa du directeur, pour être remise au conseil exécutif et obtenir la décharge du compte.

X.

L'assemblée du Muséum sera autorisée à présenter chaque année à la législature les projets et devis des dépenses extraordinaires qu'elle croira nécessaires pour l'avancement des sciences naturelles, afin que l'Assemblée décrète ce qu'elle jugera convenable sur cet objet.

Chapitre VI. Du maintien de l'ordre et de la sûreté dans les parties du Muséum.

(Le comité se déclare in compétent sur ce chapitre ; c'est aux professeurs à statuer sur cet objet.). GREGOIRE, *président*.

Un membre propose qu'il soit nommé par le comité un de ses membres pour assister tous les quinze jours à l'assemblée des professeurs, fraterniser avec eux, entretenir une union intime entre ces savants et le comité d'instruction publique, et s'assurer que les règlements ont l'effet heureux dont sa discussion a fait concevoir l'espérance.

LAKANAL fut nommé.

GREGOIRE, président ; FOURCROY, secrétaire ; PETIT, ARBOGAST, MATHIEU, L. BAILLY, VILLAR, PRUNELLE.

Tous membres du comité d'instruction publique, et représentants du peuple.

Postface

Lorsque paraît l'*Histoire naturelle, drolatique et philosophique des Professeurs du Jardin des Plantes* en 1847, le Muséum d'histoire naturelle est un lieu de science porté vers le grand public. A la fois établissement de recherches et école publique d'enseignement, c'est un lieu de promenade apprécié des parisiens animés par l'esprit de curiosité. Avec son grand parc planté d'arbres majestueux et de fleurs colorées, ses roches et minéraux exposés par milliers, ses bêtes exotiques empaillées et ses étonnants squelettes d'animaux oubliés, l'établissement est une sorte de jardin des merveilles qui met en scène la grande histoire naturelle. On s'y rend pour se distraire, mais surtout pour s'instruire et, tourner les nouvelles pages de la fabuleuse histoire du monde et de l'humanité entamée par le comte de Buffon. On s'y rend avec enthousiasme comme d'antan on se pressait à l'Église pour écouter l'histoire de la création. C'est la raison pour laquelle il est parfois difficile de trouver place libre aux conférences que donnent les professeurs dans le grand théâtre, sur des sujets d'anatomie comparée, de zoologie, de minéralogie ou encore de botanique.

Une controverse scientifique

A cette date pourtant, de nombreux amateurs de science ont quelque peu perdu la foi. Ils s'interrogent de plus en plus sur la grandeur et la portée de cette grande histoire naturelle pourtant si bien commencée. Depuis plusieurs années en effet, les milieux initiés s'interrogent sur la finalité de la science et, sur les méthodes des professeurs du Muséum. Le débat est profond, il prend ses racines dix-sept ans plus tôt, en 1830. Cette année-là, une controverse éclate à l'Académie des sciences entre deux professeurs du Muséum, qui va rapidement se transformer en combat de personnes et, en véritable débat public. Chargé de donner compte-rendu du mémoire de deux jeunes scientifiques[43] sur l'organisation des mollusques, Étienne Geoffroy Saint-Hilaire

---

[43]   Meyraux et Laurencel.

ne peut s'empêcher dans sa lecture de saisir le rapprochement décrit dans la morphologie et la composition des céphalopodes et des vertébrés, pour réaffirmer l'intuition qui l'anime depuis toujours, à savoir que : « L'organisation des animaux est soumise à un plan général qui, en se modifiant dans les diverses parties, produit les différences qu'on observe entre eux » (*Philosophie anatomique*, 1818). Donné à voir comme une nouvelle preuve de la validité de ses vues, le mémoire sert aussi à Geoffroy Saint-Hilaire pour infirmer de récentes conclusions de George Cuvier qui déclarait : « Les céphalopodes ne sont le passage de rien ; ils ne sont pas résultés du développement d'autres animaux, et leur propre développement n'a rien produit de supérieur à eux ». Piqué au vif par la lecture de Geoffroy Saint-Hilaire, Cuvier réagira quelques jours plus tard, en séance du 22 février, en donnant lecture d'un texte incisif, où il défendra que quelques analogies ne permettent sûrement pas de conclure.

Ce qui n'était qu'un compte-rendu à l'Académie des sciences va devenir le prétexte pour chacun des deux savants à exprimer en détails ses conceptions scientifiques, et, au passage, à percer l'abcès qui s'était petit à petit formé dans leur relation. Pendant plusieurs semaines, les deux savants auront à cœur de porter haut leurs visions de la zoologie, et de la science en général, en pointant les faiblesses adverses. Tandis que Geoffroy Saint-Hilaire va chercher dans le règne de la nature de nouveaux exemples à l'appui de ses convictions lamarckiennes, et que Cuvier les réfute aux séances suivantes en multipliant les preuves, bientôt la controverse va servir aux deux hommes à clarifier leur conception de la démarche scientifique. Mobilisant Aristote et Newton pour mieux insister sur la nécessité d'être attentif aux faits sans pour autant s'interdire de faire preuve d'imagination, Geoffroy Saint-Hilaire se revendique clairement d'une science qui ne se contenterait pas de décrire, mais aurait aussi pour ambition d'embrasser une grande synthèse, avec plus ou moins d'enthousiasme. Face à lui, Cuvier, qui s'est fait connaître pour ses classifications de vers de Linné, garde l'esprit froid et plaide en faveur d'un prudent et méthodique travail d'observation, seul garant selon lui du progrès : « Ce qu'il est surtout essentiel de redire, c'est que ce n'est ni pour m'en tenir aux anciennes idées, ni pour repousser les nouvelles, que j'ai pris cette défensive. Personne, plus que moi, ne pense qu'il y a une infinité de découvertes à faire encore en histoire naturelle. J'ai eu le bonheur d'en faire quelques-unes, et j'en ai proclamé un grand nombre faites par d'autres ; mais ce que je pense aussi, c'est que, si quelque chose pouvait empêcher que l'on ne fît, à l'avenir, des découvertes véritables, ce serait de vouloir retenir les esprits dans les limites étroites d'une théorie qui n'est vraie que dans ce qu'elle a d'ancien, et qui n'a de nouveau que l'extension erronée qu'on lui attribue. »

Controverse scientifique au moins autant que confrontation passionnée entre personnalités, le débat entre Geoffroy Saint-Hilaire et Cuvier ne va pas rester cloisonné dans l'enceinte de l'Académie des sciences. Suite à l'édition au mois d'avril 1830 d'un mémoire récapitulant sous la plume de Geoffroy Saint-Hilaire les termes du débat, la société s'empare du sujet avec passion. Et c'est avec engouement que les lecteurs du *Journal des Débats,* du *Temps,* du *National* ou encore du *Constitutionnel* découvrent et font écho aux prises de position rendues accessibles et exagérées par les journalistes. Tandis que la grande majorité des naturalistes français se rallie aux arguments de Cuvier, nombreux sont les amateurs qui, eux, se laissent séduire par les vues de Geoffroy Saint-Hilaire, dont chaque parole semble si inspirée. C'est que, dans une société qui a coupé la tête à son clergé en même temps que celle de son roi, la science n'est pas simple œuvre de raison. Elle apparaît comme une mission quasi-sacrée ayant le pouvoir de rassembler les citoyens dans une histoire qui les rassemble et les transcende. Par sa capacité à trouver dans chaque fait isolé un nouvel indice la guidant vers une explication générale, elle avance sans répit vers le progrès technique, et plus encore vers la grande explication. Elle est non seulement physique mais métaphysique. Aussi s'enthousiasme-t-on par ailleurs des lectures de Saint-Simon et d'Auguste Comte et, se montre-t-on si sensible à la méthode scientifique prônée en Allemagne : la philosophie de la nature.

Un débat philosophique

Si Cuvier est le premier à faire référence dans la controverse de 1830 à la philosophie de la nature pour mieux en dénoncer le projet, celle-ci s'invite dans le débat grâce à l'un de ses plus éminents représentants : Goethe. Amateur passionné de sciences, le grand poète allemand ne manque rien de la controverse, à laquelle il prend parti en se faisant le porte-parole d'une science inspirée, telle que la revendique la *naturphilosophie*. Puisant sa source dans les *Idées pour une philosophie de la nature* (1797) de Schelling, cette approche de la science souffle comme un vent de réforme sur la démarche scientifique adoptée d'une manière si souvent orthodoxe en France et en Angleterre. Ne prétendant pas se soustraire à l'étude empirique et disciplinaire, qui explore en détails les moindres faits, elle se pose par contre en indispensable artisan de l'unification, visant l'appréhension de l'univers dans sa totalité. Comme l'écrit Goethe en 1832, dans son second commentaire à la controverse de 1830 : « Nous ne devons négliger aucune des manifestations de l'organisme, si nous voulons pénétrer, par l'examen des apparences extérieures, dans la nature intime des choses ». Donnant sens à la réalité, la *naturphilosophie* est, nous dit Goethe, non pas ce vieux système panthéistique décrié par Cuvier, mais cette touche de lumière sur l'œuvre demi-obscure de l'athéisme.

Que l'on songe à faire de la science une grande œuvre d'interprétation de la Nature n'est pas sans raviver le projet des fondateurs de la science moderne. Lorsque deux siècles auparavant le savant anglais Francis Bacon imaginait une méthode pour se libérer des obstacles de la pensée et, dessinait sa cité savante idéale, en plaçant les « Interprètes de la Nature » au sommet de l'organisation, son intention était clairement de se servir d'un puissant ancrage dans la démarche empirique pour porter les pratiques scientifiques au plus haut, jusqu'aux axiomes et aphorismes. « Notre Fondation, écrit-il dès le début, a pour Fin de Connaître les Causes, et le mouvement secret des choses ». Véritable projet de société, l'utopie de la *Nouvelle Atlantide* dessine une organisation rigoureuse pour mieux atteindre le secret de la Nature et, libérer l'humanité, au sens physique comme métaphysique. De ce point de vue, faire œuvre scientifique consiste non seulement à faire découvertes et inventions, mais plus encore à révéler la grande organisation du monde, en embrassant les mécanismes de la Nature dans son unité, au sein de théories unificatrices et porteuses de sens. Et c'est pourquoi ceux qui, à l'instar de Kepler, de Newton ou encore de Lamarck, ont offert de grandes synthèses apparaissent savants parmi les savants. A un moment où émergent les premières institutions scientifiques européennes et où commencent à se normaliser les pratiques, le débat provoqué par la philosophie naturelle n'est donc pas anodin :

il sonne comme l'interpellation des savants par la société au sujet du modèle de science qu'il convient d'adopter. Ou plutôt duquel il convient de ne pas s'écarter.

A partir de 1830, le tout-Paris se rend aux conférences des Professeurs du Jardin des Plantes avec non seulement l'intention de s'instruire, mais une grande idée de la science en tête. Plus que jamais, les nombreux amateurs de science sont en attente de grandes synthèses, de grands tableaux. Et, plus que jamais saute aux yeux du grand public le fossé qui sépare ces deux grandes catégories de savants qui se sont affirmées au cours de la controverse et dont Geoffroy Saint-Hilaire et Cuvier semblent incarner les extrémités. La société a eu beau s'exprimer, appeler de ses vœux une science inspirée, le fonctionnement du Muséum n'a pas évolué et, l'institution reste imperturbablement figée, comme imperméable à la société vers qui elle est théoriquement tournée. C'est dans ce contexte que la critique se répand dans la société, et traverse les années en s'accentuant. Après les amateurs de science, c'est au tour de la jeune génération des artistes de prendre la plume. A grand renfort de caricatures, les jeunes poètes et romanciers, au premier titre desquels le flamboyant Honoré de Balzac[44], font tomber les Professeurs de leur piédestal. Et, petit à petit, c'est le regard de toute une société qui se met à changer, en découvrant avec émotion la réalité sur laquelle on attire son attention. Avec ses allées plus ou bien entretenues, ses bâtiments quelque peu décrépis, ses échantillons peu ou pas étiquetés, ses réserves laissées à l'abandon et, surtout, ses collections organisées selon une obscure classification, nombreux sont ceux qui, entre la galerie d'anatomie comparée et le jardin botanique, cherchent en vain le récit de cette grande histoire naturelle qui justifie que la science soit érigée en religion et, ses Professeurs, en guides acclamés.

Un enjeu de société

C'est dans cet état de crise qu'est plongée la science naturelle française en 1847, lorsque Bertrand-Isidore Salles, alias Isidore S. de Gosse (1821-1900), publie son *Histoire naturelle, drolatique et*

---

[44] BALZAC, Honoré de (1840-1842), *Guide-âne à l'usage des animaux qui veulent parvenir aux honneurs*. Nouvelle publiée en plusieurs épisodes entre 1840 et 1842.

philosophique des Professeurs du Jardin des Plantes. Journaliste parisien originaire de Sainte-Marie de Gosse (Landes), et critique littéraire et scientifique depuis plusieurs années déjà, ce fervent citoyen d'à peine trente ans est bien décidé à mettre par écrit ce qui se chuchote dans les milieux initiés, avec l'intention de « dévoiler au grand public les tours de gibecière qu'on fait passer sur le compte de cette pauvre science » et, sans doute aussi le secret espoir de mettre fin à l'ère de cette « science étroite et terre à terre » qui le désespère tant. Avec un sens de l'humour que ne cache pas un attachement à la justice et à la vérité, le jeune homme parvient dans son entreprise à s'attacher le soutien de Frédéric Gérard (1806-1857) et de Gustave Sandré. Le premier, disciple de Lamarck, vulgarisateur de la théorie de l'évolution, et auteur respecté du *Dictionnaire d'histoire naturelle* de Charles d'Orbigny, déclare s'associer avec joie aux idées saines de l'auteur, en souhaitant qu'ainsi peut-être la science se lance à nouveau à l'assaut d'un projet sérieux. Le second, éditeur et libraire, s'est fait connaître comme le soutien d'auteurs pleinement engagés dans une science au service de la société tels que Pierre Leroux et Ange Guépin. Militant, il va permettre à l'ouvrage d'être lu dans le tout-Paris.

Mettant en scène le monde savant comme l'ont déjà fait les jeunes romanciers de l'époque, le livre porte la critique à un degré supérieur, en adoptant le style réaliste et satyrique qui est le signe de l'écriture journalistique engagée. Un an avant les événements de 1848, le livre a déjà un parfum de révolution. Donnant libre expression aux sentiments de désarroi, d'exaspération et d'espérance de toute une population, l'ouvrage déchire brutalement le voile du dédain derrière lequel le Muséum avait trouvé refuge. Ce qui se pense tout bas est tout à coup imprimé et livré en place publique. Chacun peut alors découvrir une réalité bien différente de celle qui transparaît au premier abord, lors d'une promenade dominicale. Invité dans une visite guidée qui, est-il annoncé dès le départ, ne manquera pas de le faire rire, le lecteur pénètre tout à coup dans les couloirs du Muséum, découvrant l'intimité de ces laboratoires si savamment auréolés de leur atmosphère sacrée. Surtout, des noms sont cités. Des personnalités sont directement visées et, pratiquement sommées de rendre des compte. A une certaine époque, il n'en aurait pas fallu davantage pour que quelques-uns se dirigent vers le Jardin des Plantes et réclament la fermeture définitive de l'établissement, comme l'avait envisagée la Convention, un peu avant de se raviser et d'offrir aux Professeurs la possibilité de mettre leur science au service de la société.

Tombant uns à uns de leurs estrades, les professeurs du Muséum d'histoire naturelle sont, page après page, décrits avec un sens de la formule qui ne laisse pas la place à l'ambiguïté quant à l'appréciation de leur œuvre. Tantôt croqués en quelques lignes, tantôt mis en scène dans des épisodes imaginaires de la vie de l'établissement, tous, ou presque, -du professeur le plus renommé à l'aide-naturaliste le plus invisible- sont décrits avec une verve qui n'est pas sans évoquer un Rabelais écrivant *Pantagruel* ou un Erasme faisant l'*Éloge de la folie*. Et, par un effet comique que n'auraient pas renié ces maîtres de la satyre, chacun se retrouve étiqueté d'un nom fantaisiste latinisé qui, tout en renseignant sur l'espèce à laquelle on a affaire, n'est pas sans caricaturer la grande et sérieuse entreprise de classification qui fait l'orgueil de la science naturelle depuis Linné et, celle de Cuvier en particulier, qui s'inscrit dans cette lignée. Tant et si bien qu'il est effectivement difficile pour l'honnête homme de ne pas rire à une telle lecture !

Mais -et le lecteur s'en aperçoit rapidement- cette visite guidée dans la grande galerie des professeurs du Muséum n'a pas pour seul but de faire rire. Elle a aussi pour intention d'attirer notre attention et de stimuler notre réflexion. Tous les savants ne se valent pas, tranche-t-on dès les premières pages : il y a ceux qui se donnent les apparences de la science, et ceux qui l'incarnent. Dans une enceinte qui reste encore toute emprunte du brillant héritage de Buffon, rares sont ceux qui trouvent grâce aux yeux des auteurs, si ce n'est ceux qui ont percé les secrets de la Nature et les ont rendu intelligibles à leurs contemporains, dans un langage compréhensible et un style élégant. Aussi Jean-Baptiste Lamarck, disparu quelques années auparavant, fait-il figure de modèle et mérite-t-il d'être identifié comme « philosophicus clarissimus ». Avec ses travaux précurseurs en biologie, et ses explications qui font entrevoir l'unité du monde vivant, son œuvre n'est pas seulement perçue comme rigoureuse, mais visionnaire, si ce n'est révolutionnaire. Et, à une époque où ses théories font chaque jour de nouveaux convertis, faire œuvre scientifique méritoire, c'est nécessairement s'inscrire dans cette lignée.

Avec cet idéal en ligne de mire, comment dès lors juger l'œuvre de ces savants qui constituent d'immenses collections et accumulent pour mieux différencier et séparer ? Assurément, elle n'est pas digne du vrai savant que l'on décrit en artisan de l'unique vérité, et peu soucieux en cela de son destin parmi les hommes. Et c'est bien ce qui est en cause lorsque les pages de cet ouvrage s'attardent sur l'héritage de Cuvier. Plutôt qu'une œuvre de synthèse, on y lit un travail rigoureux et opiniâtre qui reste tout entier à mettre en philosophie. Bien plus, on y perçoit l'emprise du personnage sur la vie du Muséum et, sa part de responsabilité dans la situation vers laquelle a évolué l'établissement. Derrière le bâtisseur renommé des galeries d'anatomie comparée, se dessine alors l'ambition d'un homme qui aura repeuplé l'établissement à son image, n'hésitant pas à faire de l'ombre aux autres professeurs et aux autres disciplines. Décrit en despote entouré de sa cour, on comprend bientôt que, pour les auteurs, il n'est pas seulement l'un de ces professeurs plus intéressés par les honneurs que par l'amour de la vérité, mais l'un des responsables, sinon le responsable direct, de la transformation en profondeur du mode d'administration du Muséum et, de l'échec de sa mission première. Alors que le savant, décédé, n'est plus en mesure de se défendre, on rappelle à quel point le Muséum souffre de l'héritage de ce monarque, contraire dans l'esprit aux idéaux fondateurs de l'institution.

Pour mieux constater la dérive, les auteurs nous renvoient aux origines de l'institution, en exhumant ses textes fondateurs. Tout en rappelant que le Muséum est l'héritier direct du Jardin royal des Plantes, fondé en 1626 pour cultiver herbes et plantes médicinales pour le roi de France, l'attention du lecteur est rapidement portée sur le décret pris par la Convention nationale le 10 juin 1793, qui fixait la mission de ce grand établissement républicain. Contrairement au Jardin royal, qui était fermé et tourné vers le service d'un seul, le Muséum d'histoire naturelle fut créé pour instruire et servir le plus grand nombre. Tout en ouvrant les portes des jardins et des galeries au public, pour qu'il puisse s'instruire, le texte de loi spécifiait en détails les attributions des personnels du Muséum, et notamment des professeurs titulaires de chaires. Chargés de mener une activité d'investigation scientifique, qui devait les conduire à mieux comprendre leur objet d'étude et à préciser les principes de leurs sciences respectives, les professeurs avaient en outre la responsabilité de mettre en pratique leurs connaissances pour les besoins de l'agriculture et du commerce et, de diffuser leur science par la tenue de cours réguliers. Véritable lettre de mission, le décret de 1793 était suffisamment détaillé pour qu'on laisse le soin aux professeurs de s'organiser de façon collégiale sur les questions d'intendance.

En déclarant ouvertement que l'œuvre des Professeurs du Muséum n'est pas digne de la mission qui leur a été confiée par les héros de la révolution française et, que la source des problèmes est à chercher à la fois dans une méthode stérile et une organisation tyrannique, les auteurs livrent aux lecteurs un diagnostic qui n'a plus aucune raison de faire rire. Et il n'est pas difficile d'imaginer l'effet que put avoir la publication d'un tel ouvrage, surtout en 1847, à un moment où le peuple de Paris a le sentiment qu'on lui a volé sa révolution, et s'apprête à se soulever à nouveau. Comment peut-on se sentir sinon trahi lorsqu'on apprend que ces professeurs de renom que l'on croyait animés par la vérité mènent, en définitive, une entreprise scientifique potentiellement obscure et inutile, et vivent grand train au nez et à la barbe des citoyens qui n'ont jamais dénié soutenir financièrement cet établissement qui devait les instruire et les enrichir ? Et c'est dans cette atmosphère de trahison, dans laquelle toutes les justifications des professeurs du Muséum seront sans doute apparues comme d'ultimes sérénades, que se préparera dans la tête de quelques personnalités bien placées l'idée de remettre de l'ordre dans les affaires du Muséum d'histoire naturelle.

Une affaire d'État

Début 1848, le peuple de Paris se soulève et rétablit la République en France. Un nouvel espoir souffle et, avec lui, la volonté de mener à bien le projet de société des héros de la révolution de 1789 et des législateurs de la Convention. Les institutions sont reprises en main et, quelques hauts-fonctionnaires et députés planchent déjà sur la situation du Muséum d'histoire naturelle. S'il est bien-sûr hors de question d'emprunter la dangereuse voie du débat philosophique prise par Bertrand-Isidore Salles et Frédéric Gérard pour attaquer cette citadelle -laquelle pourrait susciter d'interminables controverses et d'inutiles affrontements de personnes-, il est par contre possible d'accumuler les arguments administratifs pour réclamer la fin du règne du collège des Professeurs, et la prise de contrôle de l'établissement par l'État républicain et par sa conquérante administration. C'est ainsi qu'une commission parlementaire voit le jour à l'initiative du député Hyacinthe Corne, qui se compose de sept membres[45] dont trois simples citoyens. En mars 1849, les conclusions sont rendues devant la commission du budget de l'Assemblée constituante qui attire l'attention du ministère de l'Instruction publique sur l'administration de l'établissement, jugée trop indépendante et appelant à révision. : « Le Muséum d'histoire naturelle, par ses précieuses collections, par l'incontestable savoir de ses professeurs, par les ressources que son enseignement offre à la jeunesse de nos écoles, mérite la sollicitude de l'État et justifie les fortes allocations que le budget lui attribue ; mais nous dirons toute la vérité. Plusieurs des ministres qui se sont succédé au département de l'instruction publique ont rencontré dans le mode d'administration appliqué à cet établissement des embarras et des entraves qui résultent de sa constitution trop indépendante du pouvoir central. La commission invite M. le ministre de l'instruction publique à préparer un plan d'organisation administrative du Muséum, qui donne au chef de l'instruction publique, sur l'économie intérieure de cet établissement, sur la manière dont les différents cours y sont institués, sur les moyens d'assurer la conservation de ses richesses scientifiques, sur l'attribution des logements aux professeurs, etc., une autorité prépondérante. »

A la suite du rapport rendu par le député Hyacinthe Corne, le ministre de l'Instruction publique de la Deuxième République forme une commission chargée d'étudier les réformes nécessaires au bon fonctionnement du Muséum d'histoire naturelle. La machine administrative est lancée. Présidée par l'ingénieur des Mines et grand amateur de sciences Louis-Etienne Héricart de Thury, la commission reprend les conclusions de la Cour des comptes et du rapport de l'Assemblée nationale en concluant à la « nécessité d'apporter d'importantes modifications dans l'organisation administrative et dans l'enseignement du Muséum

---

[45] MM. Héricart de Thury, Corne, Ch. Deville, Ed. De Verneuil, Michelin, Gaudichaud, A. Passy.

d'histoire naturelle.» Faisant fi des observations faites par les professeurs associés à la commission, le rapport formule un ensemble de recommandations dont la principale est de retirer l'administration de l'établissement au collège des professeurs pour la remettre aux mains d'un directeur-conservateur placé sous la tutelle du ministre de l'Instruction publique, autrement dit de l'administration centrale. La solution étant trouvée, il ne reste plus qu'à la mettre en œuvre. Mais, c'est sans compter sur l'instabilité politique du nouveau régime. En l'espace de quelques mois, le gouvernement évolue sensiblement et, le ministre de l'Instruction publique et son cabinet sont remplacés à deux reprises. Dans ce contexte, la continuité de l'action de l'État est fortement remise en cause et, la réforme de l'administration du Muséum d'histoire naturelle passe bientôt au second rang des priorités du gouvernement. Le sujet aura beau susciter de nouveaux projets de réorganisation, comme celui présenté par le géologue Alphonse-Auguste Rivière en 1850, la donne ne changera pas. Et le Muséum d'histoire naturelle traversera le règne de la Deuxième République sans avoir été modifié dans son mode d'administration.

Piégée, l'administration ne trouvera la possibilité de reprendre la main sur le sujet qu'à la faveur d'une nouvelle salve portée par la communauté des amateurs de science, à travers l'un de ses plus illustres représentants : le prince Charles-Lucien Bonaparte, prince de Canino. En 1857, soit dix ans après la parution de l'*Histoire naturelle, drolatique et philosophique des professeurs du Jardin des Plantes*, le célèbre ornithologue profite de la publication de son nouvel ouvrage et, de sa position privilégiée au sein de l'Empire, pour se ranger publiquement à l'opinion d'une partie du monde savant. Sans humour, mais avec un noble dédain, il écrit dans un style lapidaire : « Oubliettes autrement profondes que les cartons des commissions académiques ; nécropoles dont personne ne connaît le contenu, pas même les fossoyeurs de l'administration du Muséum ; sorte de concession à perpétuité octroyée à tant de dépouilles précieuses acquises des deniers publics ou rapportées par d'intrépides voyageurs, qui ont cru travailler pour la science et n'ont travaillé que pour les mites. Les professeurs qui commissionnaient ces voyageurs pourraient les mettre à bien moins de frais en mesure de rendre de plus grands services à l'histoire naturelle ; ils n'auraient qu'à les retenir à Paris et à leur donner le Muséum à explorer ». Si le ton est si vif, c'est qu'un grand voyageur-naturaliste, connu et reconnu de par le monde pour son œuvre paléontologique -et notamment par un certain Charles Darwin-, ne cesse de subir le rejet de la communauté du Muséum d'histoire naturelle, de l'Institut, du Collège de France et de La Sorbonne : Alcide d'Orbigny. Et ce n'aura été que grâce à la détermination du gouvernement qu'une chaire de paléontologie aura finalement été créée pour lui au Muséum en 1853, contre le consensus de l'assemblée des professeurs-administrateurs. Pour Charles-Lucien Bonaparte comme pour les amateurs de science, cette résistance à l'émergence de la paléontologie et, ce rejet viscéral du progrès, est le signe éclatant du conservatisme destructeur de la science française. Un conservatisme qui révolte les amateurs de science animés par l'idéal du progrès.

C'est dans ce contexte que le gouvernement du Second Empire se met en quête d'un potentiel directeur pour le Muséum d'histoire naturelle. Le premier nom qui vient à l'esprit est celui de Charles-Lucien de Bonaparte, qui incarne tous les espoirs des amateurs de science. Hélas, le neveu de l'Empereur s'éteint peu de temps après, le 29 avril 1857. C'est quelques semaines avant le décès du paléontologue Alcide d'Orbigny, qui disparaît en juin de la même année. Le ministre de l'Instruction publique et des cultes Gustave Rouland a alors l'idée de remplacer le paléontologue par une personnalité à qui serait également confiée la direction du Muséum d'histoire naturelle. Le choix se porte sur Louis Agassiz, paléontologue à l'université de Cambridge, aux États-Unis. Reconnu dès l'âge de vingt ans par Cuvier et par Humboldt, ce correspondant de l'Institut de France a poursuivi une carrière brillante, qui lui vaut alors tous les honneurs dans son pays d'accueil et une renommée internationale. Par lettre du 19 août 1857, le poste lui est offert par le ministre, qui croit au souhait de ce concitoyen de revenir s'établir dans son pays. Un mois plus tard, le 25 septembre 1857, Louis Agassiz remercie le ministre pour sa proposition de rejoindre « l'établissement le plus important qui existe pour les sciences naturelles », mais laisse son « dévouement absolu à l'étude de la nature » dicter son choix qui se conclut par un refus. Il termine en indiquant qu'il a beau être d'origine française, sa famille est suisse depuis des siècles et, il se considère avant tout Suisse. Et cela peut-être d'autant plus que, c'est contraint et forcé par le rejet de la communauté scientifique parisienne qu'il aura dû quitter la France avec sa famille, pour trouver aux États-Unis un accueil enthousiaste et les conditions pour poursuivre ses travaux en toute liberté. N'ayant pas perçu la maladresse de son offre, le ministre n'aura de cesse d'insister, en lui proposant officiellement la place de directeur et bientôt, une position de sénateur. Offres qui seront systématiquement déclinées et qui laisseront le champ libre aux professeurs-administrateurs du Muséum d'histoire naturelle pour laisser s'éteindre la récente chaire de paléontologie.

Une année passe et, le 21 mai 1858, le ministre passe une nouvelle fois à l'offensive. Il nomme par décret une nouvelle commission[46] chargée de « rechercher et d'indiquer toutes les améliorations qu'il convient d'introduire dans la constitution actuelle du Muséum d'histoire naturelle, et qui doivent assurer la surveillance directe et la responsabilité réelle de l'État, l'application des règles générales d'administration publique, la meilleure installation des services et la conservation des collections scientifiques ». Présidée par le général Allard, la commission peut compter sur le puissant engagement de la presse, qui se fait l'écho de la situation du Muséum d'histoire naturelle, de l'évolution du dossier depuis une quinzaine d'années, et embrasse chaque fois l'idée de faire évoluer rapidement son mode d'administration. En quelques mois, il devient clair pour le lecteur de quotidiens comme *La Presse* ou *Le Constitutionnel*, que l'établissement est tombé dans un tel état de décadence qu'il lui faut appuyer les réformes envisagées par la commission ministérielle, au premier titre desquelles la nomination d'un directeur. D'ailleurs, remarque *Le Constitutionnel* du 9 août 1858, ce n'est que par une anomalie de l'histoire que le Muséum a pu profiter d'une latitude de liberté aussi démesurée et s'abstraire de tout contrôle extérieur: « Depuis cette époque [1793], ce Muséum a fonctionné à l'ombre de ce décret ; la protection des représentants du peuple, la surveillance du pouvoir exécutif, le contrôle du comité de l'instruction publique ont disparu avec les institutions auxquelles ils appartenaient, et la

---

[46] Les membres en sont : MM. Le général Allard, président ; Michel Lévy, inspecteur général des médecins militaires, vice-président ; Doûmet, citoyen, député au Corps législatif ; Thirria, inspecteur général des mines ; Chevreul, directeur du Muséum d'histoire naturelle ; Flourens, professeur au Muséum ; de Saulcy et Moquin Tandon, membres de l'Institut ; colonel Favé, officier d'ordonnance de l'Empereur ; Ville, professeur au Muséum ; Pelletier, de Bessé et Gustave Rouland, employés de l'État.

petite république oligarchique des professeurs est restée ferme, stable, isolée et stationnaire au milieu des mouvements et des progrès de tous genres qui se sont produits successivement autour d'elle ; son indépendance du pouvoir, après avoir été peut-être un élément de force pendant les époques troublées, est devenue une condition d'infériorité dans un temps où toutes les grandes initiatives d'amélioration partent de haut ; un jour est venu où il a fallu reconnaître que le Muséum d'histoire naturelle n'était plus digne, comme établissement public, de la grandeur de la France, et ne répondait plus aux exigences qu'il doit satisfaire comme école d'enseignement scientifique ». Aussi se convainc-t-on que ce changement permettra de voir le premier établissement scientifique de France renaître de ses cendres et plus que jamais « faciliter à tous l'accès et l'étude des immenses richesses accumulées dans son sein par des siècles d'efforts ».

Alors que la réorganisation du Muséum semble sérieusement se profiler à l'horizon, une contre-attaque est organisée de l'intérieur de la commission Allard, à l'initiative du professeur Michel-Eugène Chevreul, titulaire de la chaire de chimie appliquée, directeur du Muséum et membre de la commission Allard. Craignant pour leur avenir, les professeurs s'organisent autour de lui pour défendre leur institution et leurs intérêts. Dans une prise de position, ils déclarent « que le Muséum est un établissement d'un genre exceptionnel ; les services y sont complexes, et il n'y a que le chef de chacun d'eux qui puisse en sentir toute l'importance. Il doit son succès uniquement à la renommée des professeurs. Le système suivi a reçu la sanction d'une longue pratique et l'approbation de tous les gouvernements. Les professeurs ont passé toute leur vie dans ce système, et si plusieurs d'entre eux ont refusé la direction unique de l'établissement qui leur était offerte, c'est parce qu'ils ont cru que changer ce qui était serait ôter au Muséum son activité, sa vie et sa prospérité ». C'est par ces arguments et avec certaines promesses qu'Eugène Chevreul parvient à convaincre son collègue, le biologiste Pierre Flourens et, le colonel Pavé, de ne pas signer le rapport remis le 11 août 1858 au ministre de l'Instruction publique, qui reprend le ton sévère du rapport Corne rédigé dix ans plus tôt. Bien plus, il obtient par l'intermédiaire du colonel Favé, aide de camp de Napoléon III, une entrevue avec l'Empereur, qui l'assure de sa protection. Une fois de plus, l'initiative du ministère de l'Instruction publique avorte. Bien plus, les professeurs-administrateurs de l'établissement parviennent à obtenir une revalorisation substantielle de leurs traitements qui passent, par décret du 25 janvier 1862, de 5.000 à 7.500 francs.

C'est dans ce contexte où les évolutions du Muséum prennent un sens opposé à la volonté du peuple et, où le sentiment de révolte s'accentue encore un peu plus dans les milieux initiés, que les membres du Corps législatif, élus au suffrage universel, hissent à nouveau le sujet à la tribune, pour faire entendre l'opinion publique. C'est ainsi que les conclusions du rapport Allard sont reprises et discutées en séance publique le 19 juin 1862 et, qu'une nouvelle publicité est faite autour de la nécessité de réformer l'administration du Muséum. Après dix ans de discussions et de mobilisation de l'opinion publique, l'affaire est proche de son dénouement. Chevreul a beau écrire à l'Empereur le 17 octobre 1862 et, susciter un rapport contradictoire signé du collège des Professeurs-administrateurs du Muséum, le gouvernement est conscient qu'une décision doit être prise pour mettre fin à un débat devenu passionnel. Avec l'appui déterminé du Parlement, le soutien de la population et de l'administration, et l'aval de l'Empereur, le nouveau ministre Victor Duruy signe le 29 décembre 1863 le décret portant réorganisation du Muséum d'histoire naturelle, qui met fin au mode d'organisation institué soixante-dix ans plus tôt par la Convention nationale.

«...sans troubler profondément l'ordre ancien, sans toucher aux vieilles prérogatives de l'assemblée des professeurs, on peut faire trois choses utiles à l'État et au Muséum lui-même ; trois choses qui donneront satisfaction aux réclamations légitimes des grands corps de l'État et à tout ce que nos idées modernes exigent pour le meilleur emploi des deniers publics, comme pour la bonne administration d'un établissement unique au monde :

1° Donner plus d'unité et de force à l'action administrative en concentrant cette action, après les délibérations de l'assemblée, dans les mains d'un directeur, non plus annuel, ce qui est une autorité trop courte pour suivre des affaires à longue échéance, non pas perpétuel, parce qu'il importe que le Muséum ne reste pas, durant une vie d'homme, sous une même influence scientifique, mais quinquennal et choisi par l'Empereur sur une liste de trois noms présentés par l'Assemblée ;

2° Soumettre à l'approbation de l'autorité centrale les délibérations de l'Assemblée, non pour donner au Ministre le droit d'une ingérence tracassière, mais pour qu'en toute affaire considérable il puisse, au nom de l'intérêt général dont il est le représentant statuer sur les délibérations de l'assemblée ;

3° Instituer, par nomination ministérielle, pour la gestion économique (deniers et matières), un agent comptable, et pour le contrôle de cette gestion, pour la vérification des écritures et l'inspection annuelle du matériel dans toutes les parties du Muséum, une commission où entreraient nécessairement des membres du Conseil d'État, de la Cour des Comptes et du Ministère des Finances. »

Pour l'honneur de la science

Seize ans après le scandale de la parution de l'*Histoire naturelle, drolatique et philosophique des Professeurs du Jardin des Plantes*, le décret du 29 décembre 1863 signe le dénouement d'une véritable affaire d'État et, le ralliement du gouvernement à la conscience citoyenne. Quatre-vingt dix ans après l'installation du Muséum d'histoire naturelle par la Convention, c'est aussi l'opportunité pour le Second Empire d'en finir une nouvelle fois avec la République, en clôturant le règne d'une organisation aux principes d'auto-gestion très souvent qualifiés de par trop républicains et, intrinsèquement voués à l'échec. Mais, c'est encore bien plus simplement, la fin de l'illusion de toute une société animée par les idéaux des Lumières et du Progrès. Celle qu'il suffit de porter le progrès en finalité pour que, spontanément, s'organise entre savants une saine émulation récompensant les plus brillants. Celle qu'il suffit de faire confiance aux savants pour qu'ils s'en montrent dignes devant la société. En confisquant à l'assemblée des professeurs-administrateurs le pouvoir de nommer directement son directeur, et plus généralement de s'administrer indépendamment, le décret impérial ouvre les portes du Muséum aux agents des Ministères, du Conseil d'État et à la Cour des Comptes et, indique que, désormais, aucune institution scientifique financée sur fonds publics ne sera jamais plus à l'abri qu'on lui pose un jour la question : êtes-vous digne de la confiance du peuple ?

C'est dans ce climat de reprise en main qu'un petit sentiment d'espoir renaît parmi les amateurs de science. Une nouvelle fois refusée par Louis Agassiz, la direction est finalement confiée au professeur Chevreul, sur proposition de ses collègues au ministre. Chacun veut croire, au gouvernement et parmi les amateurs de science, qu'au-delà de la personne -qui ne change pas- l'organisation fera la différence et permettra à la science française de se rétablir. Mais, restant libres de poursuivre leur œuvre comme bon leur semble et ayant surtout préservé leur entière capacité à se coopter à des postes qu'ils garderont à vie, les professeurs-administrateurs ont surtout champ libre pour persévérer dans leur voie et pour, par exemple, supprimer la chaire de paléontologie d'Alcide d'Orbigny. Il ne reste alors aux amateurs de science qu'à se consoler en lisant les nouvelles d'Angleterre qui, plus que jamais font souffler en sciences un vent vivifiant. Alors que les *Principes* de Lyell s'imposent comme la synthèse de référence en matière de géologie, et réduisent à l'état de curieuses spéculations les théories françaises, une autre grande synthèse commence elle aussi à faire parler d'elle avec passion, qui n'est pas sans s'inscrire en digne héritière de l'œuvre philosophique de Lamarck : *L'Origine des espèces*. Son auteur, Charles Darwin, est peu comparable à ses collègues parisiens, et cela qu'ils soient en poste au Muséum, à l'Institut, au Collège de France, à la Sorbonne ou encore à l'École des mines. A l'antipode du professeur sédentaire animé par l'esprit de communauté et affamé de reconnaissance, le savant anglais est comme Alcide d'Orbigny ou Louis Agassiz, un voyageur-naturaliste. Un savant qui a médité pendant des années des observations faites sur le terrain, seul à l'abri des consensus scientifiques et des coteries, avec une seule exigence : comprendre le monde dans son unité. Avec grandeur et philosophie.

Jean Béhue
Mai 2014

Table des matières

Préface...5

Introduction...6

Chapitre 1..11
Du Muséum d'histoire naturelle

Chapitre 2..15
Du savant

Chapitre 3..17
Des finalités

Chapitre 4..19
Une conjuration

Chapitre 5..23
Nécrologie

    Lamarck...23
    Latreille 24
    Audouin 24
    Geoffroy Saint-Hilaire...............................24
    Desmoulins..25
    Georges Cuvier..25
    Frédéric Cuvier..26
    Un dernier adieu 27
    Lacépède...29
    Desfontaines 29
    Deleuze...30
    André Thouin 30
    Haüy 31
    Fourcroy 31
    Vauquelin 32

Physique et Chimie 33

Chapitre 6 35
Physique

    M. Becquerel 35
    M. Edouard Becquerel..37

Chapitre 7..39
Chimie

    M. Gay-Lussac 39
    M. Chevreul..40
    M. Calvert..41
    M. Cahours 41

Géologie et Minéralogie...43

Chapitre 8..47
Minéralogie

    M. Brongniart 47
    M. Dufresnoy..48
    M. Delafosse...49
    M. Dumas 50

Chapitre 9..53
Géologie

    M. Cordier 53
    M. D'Orbigny..55
    M. Raulin...57
    M. Pissis 57

Botanique 59

Chapitre 10..65
Botanique

    M. Brongniart 65
    Le Botaniste et les deux Brongniart 66

Le banquet 68
M. Tulasne 70
M. Guillemin 71
M. A de Jussieu 71
M. Decaisne 73
M. de Mirbel 73
M. Spach 74
Une classification 76
M. Gaudichaud 79

Chapitre 11 81
Serres

M. Neumann 81
M. Houlet 81
M. Pepin 82
M. Camuzet 82
M. D'Albret 83

Zoologie 85

Chapitre 12 89
Anatomie générale

M. de Blainville 89
M. Gratiolet 90
M. Desmarets 91
M. Flourens 91
M. Duméril 94
M. Serres 94
M. Jacquart 95
M. Doyères 95
M. Sénéchal 95
M. Geoffroy de Saint-Hilaire 96
M. Florent Prévost 96
M. Pucheran 97
M. Duméril 97
M. Bibron 99
M. Guichenot 99
M. Milne Edwards 100
M. Blanchard 101

M. H Lucas 102
Une découverte 104
Voyage en Sicile de M. Milne Edwards 107
M. Valenciennes 112
M. Louis Rousseau 113
Funérailles de Geoffroy Saint-Hilaire 1er 114
Une réception à l'Institut 122

Chapitre 13 129
Laboratoire d'anatomie

M. Laurillard 129
M. Rousseau 130

Chapitre 14 131
Ménagerie

Chapitre 15 133
Bibliothèque

M. Desnoyers..134
M. Lemercier 134

Chapitre 16 137
Iconographie

Chapitre 17 139
Un animal défini par lui-même et commenté par une autre

Chapitre 18 149
L'ours et la Justice humaine

Chapitre 19 155
Moralité

Notes 163

Lettres patentes concernant l'établissement du Jardin royal des
Plantes (du 6 juillet 1626) 163
Règlement de la première ouverture du Jardin royal des
Plantes, pour la démonstration des plantes médicinales, en

1640 163
Décret de la Convention nationale adoptant l'agrandissement du Muséum, proposé par le Comité d'Instruction publique, à la séance du 21 frimaire an III.................................166
Décret relatif aux dépenses du Muséum d'histoire naturelle 167
Décret portant qu'il y aura au Muséum d'histoire naturelle un troisième professeur de zoologie. 168
Projet de règlement pour le Muséum national d'histoire naturelle, arrêté par le Comité d'Instruction publique de la Convention nationale, d'après le décret du 10 juin 1793. 168

Postface 197

Printed by CreateSpace, An Amazon.com Company